글 린다 베르톨라 · **그림** 아그네세 바루치

다섬
어린이

놀면서 즐겁게 배우는 수학?
할 수 있습니다. 반드시 해야 합니다!

아이들이 수학을 꾸준히 공부하려면, 어릴 때부터 즐겁게, 그리고 쉽게 배워야 합니다. 즐거움은 학습의 강력한 동기가 되며, 높은 성취감을 심어 주기 때문입니다. 하지만 막상 수학을 어떻게 재미있게 가르쳐야 할지 엄두가 나지 않지요. 그런 고민이 있는 부모님들을 위해, 즐겁게 수학을 배울 수 있는, 미치도록 재미있는 수학 교재 〈수빠맨〉을 준비했습니다.

수학에 빠진 전 세계 아이들이 맨 처음 선택한 기초 교재, 〈수빠맨〉은 재미있고 흥미진진한 이야기를 초등 수학의 네 가지 학습 영역으로 구성하여, 다채로운 수학 문제 풀이 활동을 할 수 있도록 했습니다. 여러 가지 수학 놀이 활동을 하는 동안, 초등 수학 전 과정에 걸쳐 핵심 개념을 습득할 수 있습니다.

이 책은 단원마다 짧은 이야기에서부터 시작합니다. 기발하면서도 재미난 상상이 가득한 이야기를 읽고 이야기와 긴밀하게 이어져 있는 수학 문제를 풀어 나가면서 수학 독해력을 기르는 훈련을 하게 되지요. 더 나아가 생활과 수학이 밀접하게 연관되어 있다는 것을 체득하며 수학에 대한 호기심과 흥미가 자연스럽게 생길 것입니다.

〈수빠맨〉은 수학 개념을 무작정 외우는 대신, 아이들 스스로 수학 개념을 익힐 수 있도록 설계했습니다. 책에 있는 여러 수학 활동들을 아이들 '스스로' 할 수 있도록 도와주세요. 스스로 문제를 해결해 가면서 수학에 대한 자신감을 기를 수 있을 테니까요.

• **기다려 주세요!**

아이가 문제를 풀 때까지 시간이 오래 걸릴 수 있습니다. 또 책을 다 풀지 않고 중간에 덮어 버리거나, 어떤 문제는 건너뛸 수도 있습니다. 그것만으로 수학을 포기했다고 단정하지 마세요. 그저 아이를 믿고 기다려 주세요.

• **답을 알려 주는 대신, 질문을 하세요!**

아이들이 어떻게 풀어야 하는지, 답이 무엇인지 모르겠다고 했을 때 바로 답을 알려 주지 마세요. 대신 질문을 통해 아이들을 정답으로 유도해 주세요. 문제를 다시 잘 읽어 보도록 독려하거나, 막힌 부분이 무엇인지 물어보고 아이 스스로 답을 찾아 나갈 수 있도록 도와주세요.

• **수학 문제 해결의 첫 단계는 이해라는 점을 잊지 마세요!**

수학 공부를 막 접하는 초등 저학년일수록 문제만 읽고 무턱대고 계산하거나 문제 푸는 공식만 외지 않도록 주의해야 합니다. 대신 한 문제를 풀더라도 아이가 문제를 제대로 이해할 수 있도록 시간을 충분히 주세요. 또한 아이들이 수학 문제의 답을 잘 맞히는 것보다, 문제를 어떻게 풀었는지 설명하는 것을 습관화할 수 있게 도와주세요. 어떤 풀이 과정을 거쳐 답을 구했는지 아는 것이 가장 중요합니다.

• **생활에서 수학을 찾아보세요!**

아이들이 생활 속에서 수를 발견하도록 도와주세요. 여러 활동을 하는 동안 수학이 언제, 어떻게 쓰이는지 물어보고 이야기해 주세요. 이 책을 읽고 난 뒤에는 생활에서 수학이 어떻게 적용되고 실현되는지 아이와 함께 찾아보세요.

초등학생을 위한 최고의 수학 학습서 <수빠맨>

우리가 늘 해 온, 익숙한 수학 공부는 어떤 형태일까요? 여러 가지 수학적 개념과 공식을 외우고 이해하는 것, 그리고 그 이해를 바탕으로 이런저런 문제를 푸는 것을 떠올릴 수 있습니다. 하지만 초등학생에게 그와 같은 학습 방법을 그대로 적용하는 게 반드시 옳지는 않습니다. 그러한 정통의 수학 학습법은 조금 나중에 한다고 하더라도 늦지 않습니다. 수학을 이제 막 시작하는 초등학생은 수학과 친숙해지는 방식으로 공부하는 것이 훨씬 더 중요합니다.

시중에는 연산 훈련을 하는 교재나 부모님과 아이가 함께 공부할 수 있는 수학 교재가 많이 있습니다. 처음 출판사에서 초등학생을 대상으로 수학책을 펴낸다고 들었을 때 기존에 있는 다른 책들과 무엇이 다를까 궁금했습니다. 그리고 이 책을 살펴보고 나니 확신할 수 있었습니다. <수빠맨>은 아주 특별한 책이라는 것을 말입니다. 이 책은 조금만 살펴보아도 어떻게 전 세계 어린이들의 마음을 사로잡았는지 알 수 있습니다. 아이들의 시선을 끄는 캐릭터와 함께 다양한 환경에서 일어나는 재미있는 이야기들로 가득 차 있는 책이거든요.

<수빠맨>은 평범하고 시시한 수학 학습서가 아닙니다. 등장하는 캐릭터와 이들이 끌어가는 이야기가 재미있기도 하지만 무엇보다도 수학적인 내용이 알찹니다. 수와 연산, 도형과 측정, 규칙과 추론 등 초등학교 수학 교육 과정에 등장하는 필수적인 내용이 충실하게 담겨 있습니다. 아이들은 이 책을 펼쳐 여러 가지 수학 활동을 하는 동안 자연스러운 사고 흐름에 따라 마치 게임을 하듯 공부할 수 있습니다. 높은 수준의 집중력을 발휘하지 않더라도 퀴즈를 풀고, 도형과 전개도를 오리고, 스티커를 붙이면서 수학적 개념을 이해하고 문제를 해결할 수 있도록 구성되어 있습니다.

이 책은 단원마다 짧은 이야기에서부터 시작합니다. 기발하면서도 재미난 상상이 가득한 이야기를 읽고 이야기와 긴밀하게 이어진 수학 문제를 풀어 나가면서 수학 독해력을 기르는 훈련을 할 수 있습니다. 여러 가지 이야기들을 통해 수학이 생활과 밀접하게 연관되어 있다는 것을 체득하며 수학에 호기심과 흥미가 자연스럽게 생길 수 있도록 돕습니다.

초등학교 때에는 수학을 꼭 남들보다 더 잘할 필요는 없습니다. 수학과 친해지고 수학에 대한 자신감을 가지는 것이 수학 문제를 잘 푸는 것보다 더 중요합니다. 학습 진도를 정규 과정보다 많이 앞서 나가지 않아도 됩니다. 호기심과 집중력을 가지고 공부하기만 하면 수학은 아주 재미있는 공부라는 것, 열심히 하면 나도 수학을 잘할 수 있다는 것을 느끼게 해 주면 됩니다. 수학에 흥미와 자신감이 있으면 때때로 너무 어려운 문제가 나오더라도 쉽게 포기하지 않고 문제를 스스로 해결하기 위해 부딪히고 애쓸 힘이 생깁니다.

그런 의미에서 〈수빠맨〉은 초등학생들을 위한 최고의 수학 학습서 중 하나라고 확신합니다. 아이 스스로, 또는 부모와 함께 〈수빠맨〉으로 재미있게 수학 공부를 하다 보면 저절로 수학과 친해질 것입니다.

송용진
(수학자, 인하대학교 명예 교수)

한국을 대표하는 위상수학자입니다. 서울대학교 수학과를 졸업하고 미국 오하이오주립대에서 박사학위를 받았습니다. 오랫동안 영재교육과 수학올림피아드에 대한 일을 해 왔으며 지금은 국제수학올림피아드 선출직 위원(IMO BOARD MEMBER)으로 활동하고 있습니다. 쓴 책으로 《수학은 우주로 흐른다》, 《영재의 법칙》, 《수학자가 들려주는 진짜 논리 이야기》 등이 있습니다.

51

사고력 연산

연산이 지루해지면 수학에 대한 흥미가 현저히 떨어져
결국 수학을 멀리하게 돼요.
그래서 연산은 놀이로 배워야 합니다.
이번 학습에서는 글과 이야기 흐름을 이해하면서
어떻게 문제를 풀지 생각하고 해석하는 훈련을 합니다.
사고력 연산은 생활 속에서 맞닥뜨린 여러 문제를
해결할 힘을 길러 줄 것입니다.

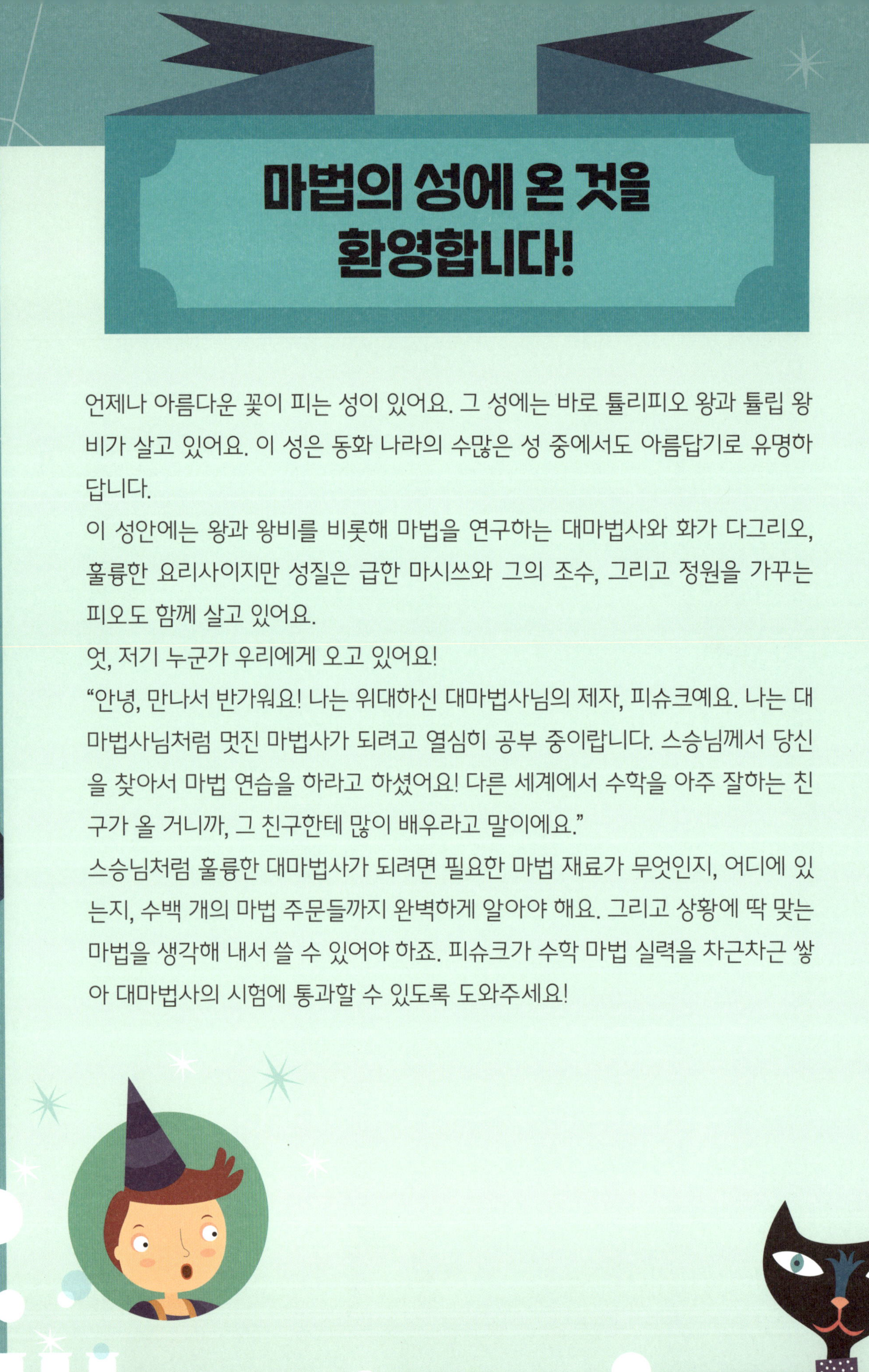

언제나 아름다운 꽃이 피는 성이 있어요. 그 성에는 바로 튤리피오 왕과 튤립 왕비가 살고 있어요. 이 성은 동화 나라의 수많은 성 중에서도 아름답기로 유명하답니다.

이 성안에는 왕과 왕비를 비롯해 마법을 연구하는 대마법사와 화가 다그리오, 훌륭한 요리사이지만 성질은 급한 마시쓰와 그의 조수, 그리고 정원을 가꾸는 피오도 함께 살고 있어요.

엇, 저기 누군가 우리에게 오고 있어요!

"안녕, 만나서 반가워요! 나는 위대하신 대마법사님의 제자, 피슈크예요. 나는 대마법사님처럼 멋진 마법사가 되려고 열심히 공부 중이랍니다. 스승님께서 당신을 찾아서 마법 연습을 하라고 하셨어요! 다른 세계에서 수학을 아주 잘하는 친구가 올 거니까, 그 친구한테 많이 배우라고 말이에요."

스승님처럼 훌륭한 대마법사가 되려면 필요한 마법 재료가 무엇인지, 어디에 있는지, 수백 개의 마법 주문들까지 완벽하게 알아야 해요. 그리고 상황에 딱 맞는 마법을 생각해 내서 쓸 수 있어야 하죠. 피슈크가 수학 마법 실력을 차근차근 쌓아 대마법사의 시험에 통과할 수 있도록 도와주세요!

어라, 성이 사라졌어요! 성을 찾으려면 빨간 세모가 표시된 곳에서
시작해서 아래 지시대로 따라야 해요.
화살표 방향대로 쓰인 숫자만큼 선을 따라 그리면 됩니다.

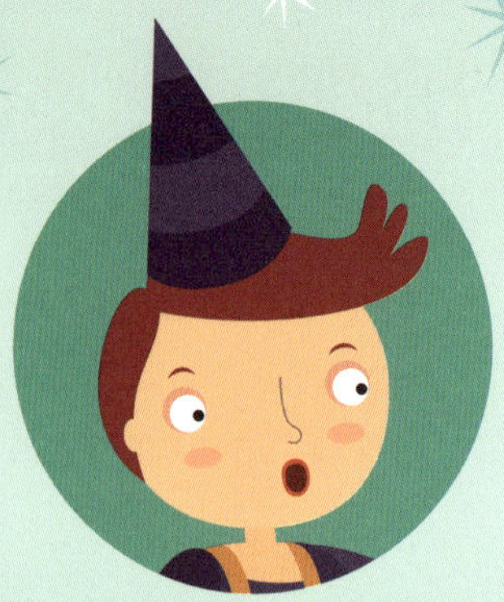

도전! 성으로 들어가자

여기는 피슈크가 사는 성이에요. 성으로 들어가는 길부터 험난하네요.
번호 순서대로 문제를 해결하고 성으로 들어가 보세요.

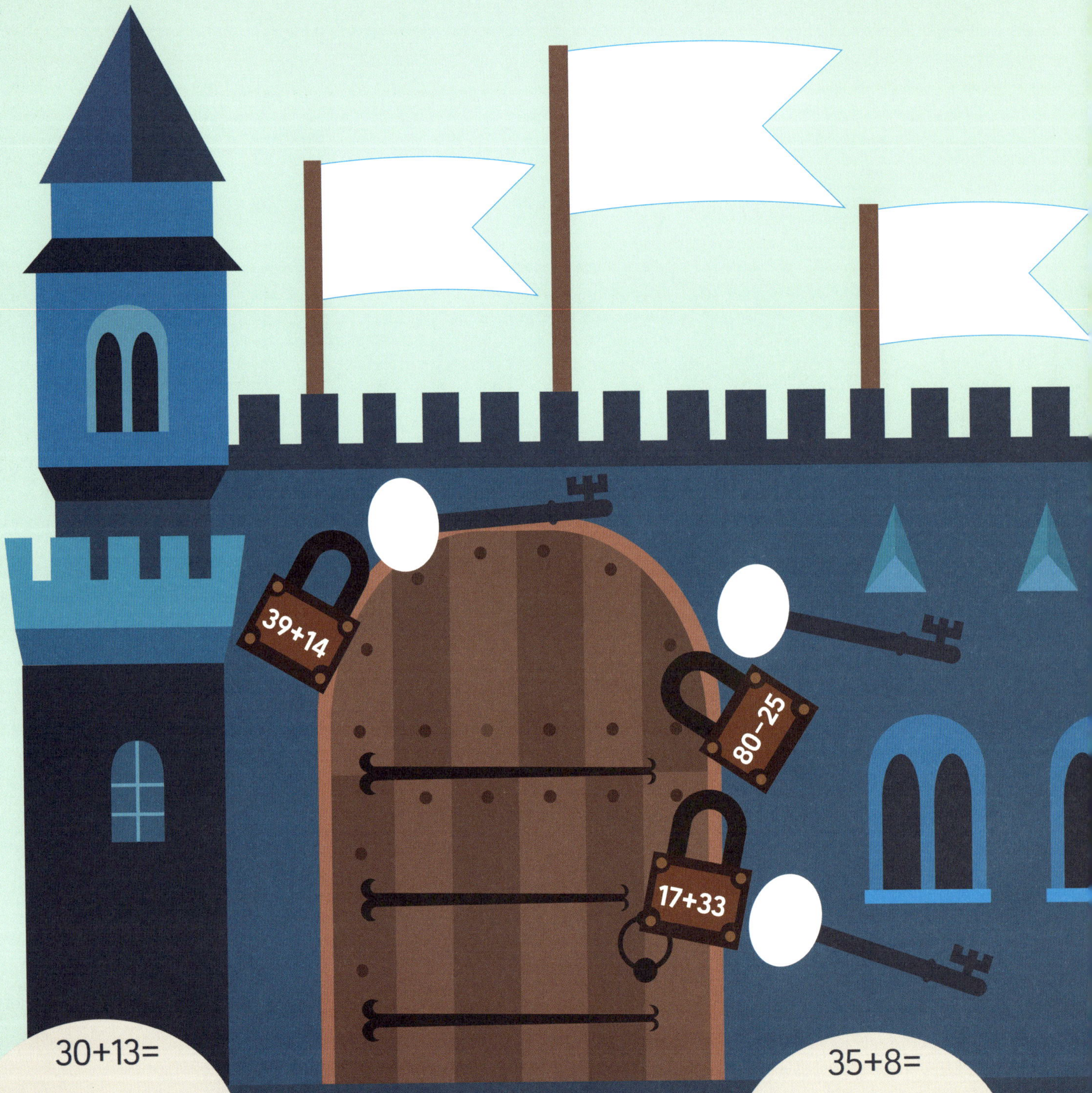

1

바다 위에 떠 있는 부표에 적힌 계산식을 완성한 후
두 수의 합과 차가 43인 곳에만 색칠해 보세요.
색칠된 *부표만 디뎌서 건너야 합니다.

2

자물쇠의 답이 적힌 스티커를 붙여서
열쇠를 완성해 보세요.

3

조건을 읽고 성 위의 흰 깃발에 알맞은 색을
칠해 보세요.

조건
- 깃발은 각각 빨간색, 초록색, 노란색입니다.
- 초록색 깃발은 가장 긴 깃발이 아닙니다.
- 노란색 깃발은 초록색 깃발보다 짧습니다.

*부표: 물 위에 표시를 하기 위해서 또는 어떤 목적으로 띄워 놓은 물건이에요.

64−21=

31+12=

12+32=

73−40=

28+15=

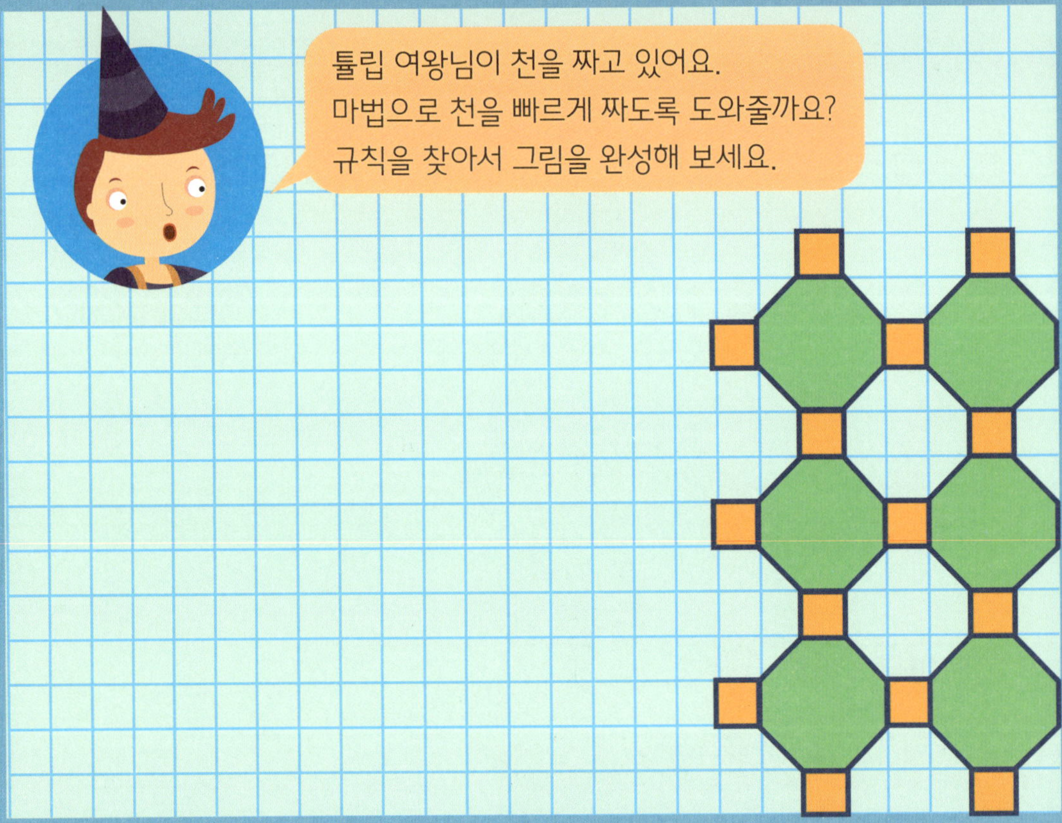

식당의 식탁보가 허전합니다. 아래 지시대로 식탁보를 색칠해 보세요.

82	11	97	41	35	70	73	43	15	80	94
0	52	9	85	2	83	42	99	34	3	49
46	24	61	32	67	40	12	27	76	28	62
22	88	37	91	36	45	38	79	23	47	26
48	63	1	64	94	31	83	18	89	19	91

- 0부터 20까지의 수
- 21부터 40까지의 수
- 41부터 60까지의 수
- 61부터 80까지의 수
- 81부터 100까지의 수

드디어 성으로 들어왔어요. 성안에서 무슨 일이 펼쳐지는지 살펴보고
곳곳에서 일어나는 문제들을 풀어 보세요.

우아, 서커스단이 왔나 봐요! 숫자가 적힌 공으로 저글링을 하고 있어요.
화살표를 따라 수 배열의 규칙을 찾아서 빈칸에 알맞은 수를 써 보세요.

부엌에서는 요리가 한창이네요.
요리가 타기 전에 냄비를 저어야 해요.
냄비와 국자를 알맞게 짝지어 선으로 이어 보세요.

높은 탑을 만들자!

튤리피오 왕은 특이한 취미가 있어요. 바로 가장 높은 탑을 짓는 거예요.
사촌인 노프니 왕을 이기려고 벌써 몇 년 동안이나 도전하고 있대요.
마법으로 높은 탑 짓기 게임을 해 봐요.
주사위 2개를 준비한 다음 친구랑 번갈아 주사위를 던져서 나온 주사위
눈의 수만큼 빈칸을 색칠해 봐요. 먼저 다 색칠하면 이기는 게임이에요.

여기 탑의 높이를 한 번에
알 수 있는 놀라운 도구가
있어요.
바로 '탑 높이 자'예요.
같이 만들어 보아요!

(1) 이 페이지를 자르고, 뒷면에
    두꺼운 도화지를 붙여요.

(2) 점선을 따라 성과 탑을 자르
    고, 성에 있는 8개의 흰 선
    에도 칼집을 내세요.

(3) 칼집을 낸 틈 사이로 '탑 높
    이 자'를 숫자가 보이도록
    끼워 넣으면 완성!

위아래로 움직여 보세요.
틈 사이로 보이는 숫자가
탑의 높이입니다.

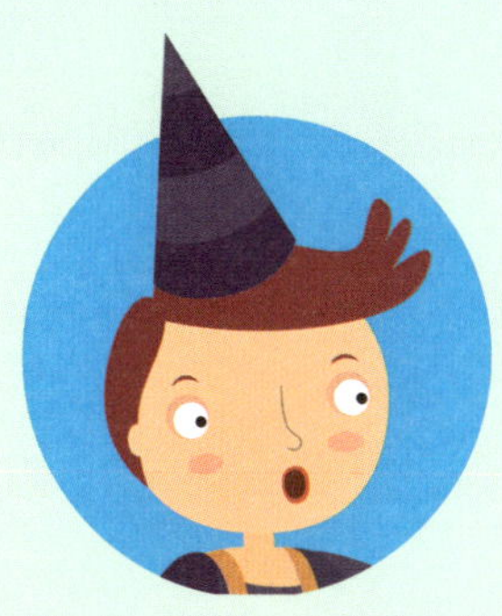

마법 퍼즐

피슈크의 방은 마법 퍼즐로 잠겨 있어요.
그림에서 가로줄의 세 수, 세로줄의 세 수, 대각선 줄의 세 수의 합이 모두 맨 위의 파란색 수와 같으면 퍼즐이 풀리면서 문이 열려요.
가로, 세로, 대각선의 세 수의 합이 파란색 수와 같도록 빈칸에 알맞은 수를 써넣으세요.

15

2		6
	5	

24

6	8	
		9

30

4		
	10	
12		

39

		11
	13	
		19

여름맞이 축제

해마다 봄에서 여름으로 넘어가며 모든 꽃이 폭포처럼 피어 늘어지면, 튤리피오 왕은 여름을 축하하기 위해 이웃 나라의 친구들을 초대하곤 합니다. 이웃 나라의 기사들은 여름맞이 축제의 스포츠 경기에 참여하기 위해 번쩍번쩍한 갑옷과 멋진 말을 타고 오지요.

여름맞이 축제의 스포츠 경기는 볼거리가 많기로 유명해요. 경기를 보러 오는 구경꾼들도 엄청 많지요. 경기가 끝나면 별빛 가득한 하늘 아래에서 무도회와 연회가 열리는데, 우승자는 그 축제의 주인공이 된답니다!
다행히 여름맞이 축제 기간에는 피슈크도 마법 공부를 잠시 쉴 수 있어요.

엇, 나팔 소리가 들리지 않나요?
경기가 시작되려나 봐요. 어서 같이 가요!

스승님이 피슈크에게 축제 연회장에서 쓸 장식을 꾸며 달라고 부탁했어요. 멋지게 만들어 볼까요?
수 배열의 규칙을 찾아 빈칸에 알맞은 수를 써넣으세요.

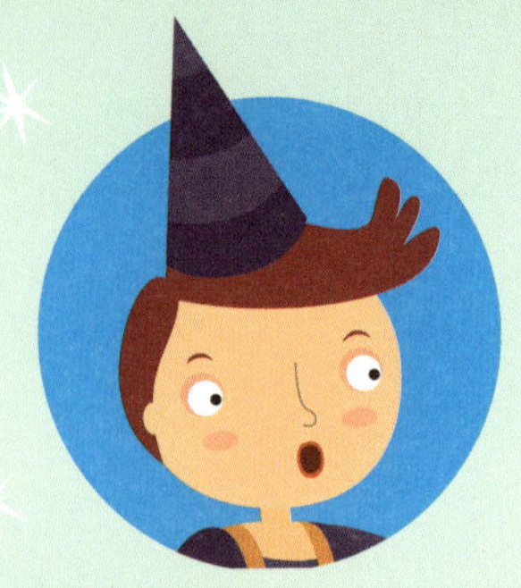

마법의 실수

피슈크의 실수로, 기사들의 깃발이 전부 새하얗게 되었어요. 기사들은 무늬와 색깔이 각각 다른 깃발로 서로를 구분하기 때문에, 깃발 장식이 없으면 안 돼요. 가로줄에는 같은 무늬를 그리고, 세로줄에는 무늬별로 주어진 색을 칠해 보세요. 그리고 기사들의 깃발을 찾아 그려 주세요.

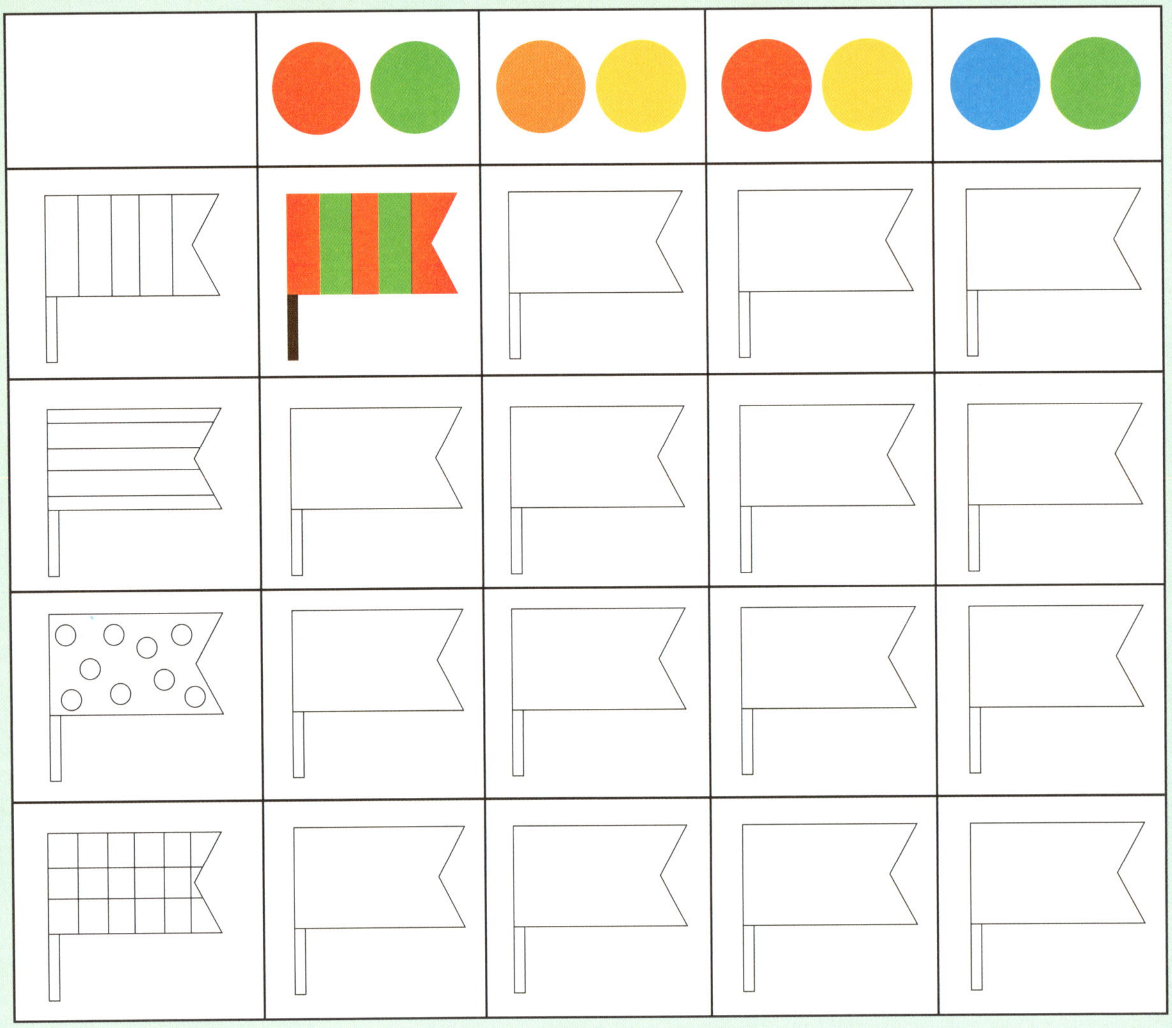

•동쪽 왕국 기사

내 깃발은 초록색과
빨간색의 조합입니다.

•서쪽 왕국 기사

내 깃발은 가로 줄무늬이고,
파란색이 있습니다.

•남쪽 왕국 기사

내 깃발은 원이 없고,
빨간색이 없습니다.

•북쪽 왕국 기사

내 깃발은 격자무늬이고,
초록색이 없습니다.

기사와 무기

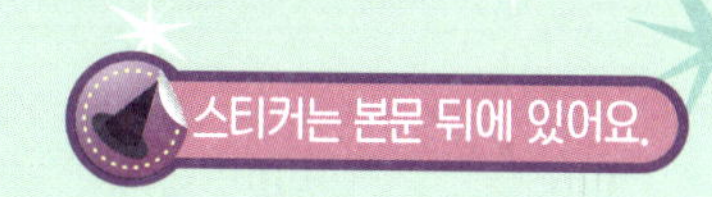

경기가 막 시작되려고 합니다. 말, 기사, 무기의 계산한 결괏값이 같은 것끼리 짝을 지어야 해요.
짝끼리는 색이 같아야 합니다. 알맞은 스티커를 붙여 주세요.

5+4+15−3

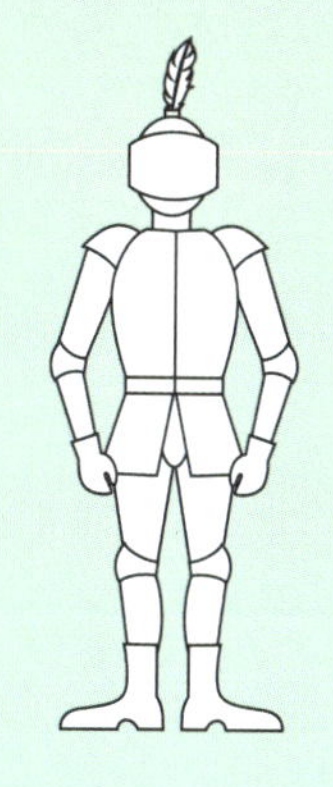

7+10+9+10

10+15+1+5+5

15+15+8−2

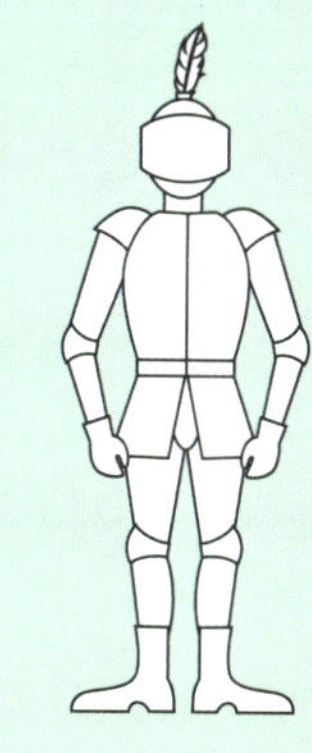

30−10−5+6

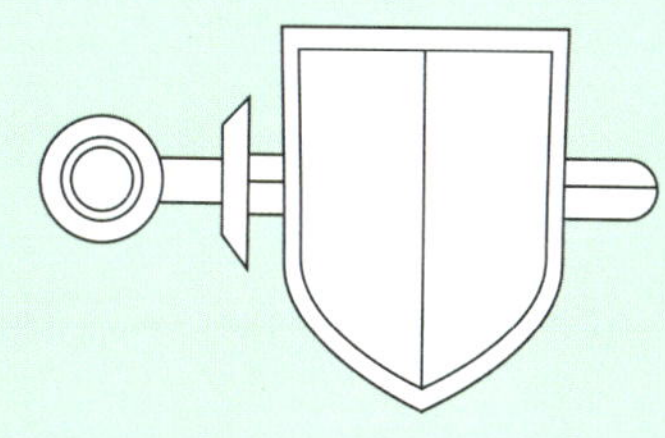

10+25+9+5−3

10+3+17+20−4

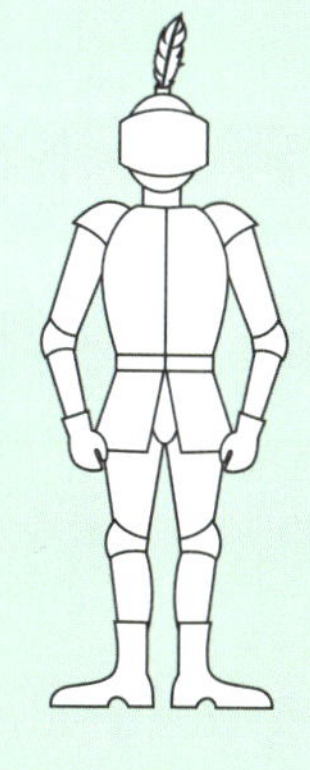

30+5−15+33−3

7+8+2+3+1

40−20+13+17

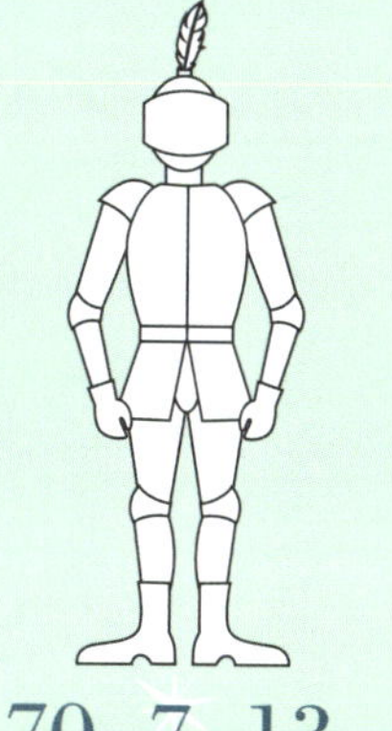

70−7−13−4

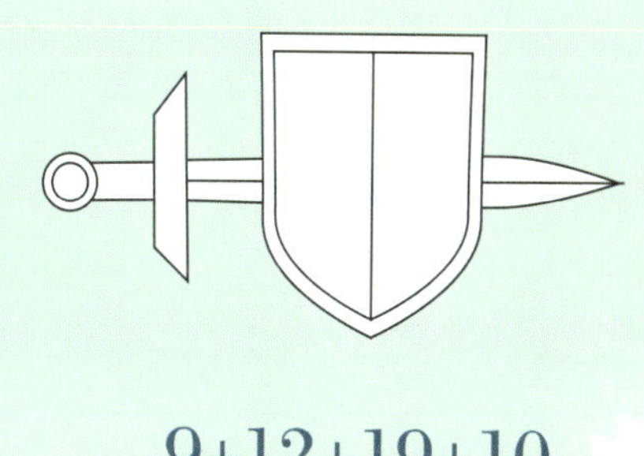

9+12+19+10

점수를 알려 줘!

장애물 달리기 경기가 시작됐어요. 누가 이겼는지 한번 맞혀 볼까요?
빈칸에 알맞은 수를 써넣고 우승자를 찾아보세요.

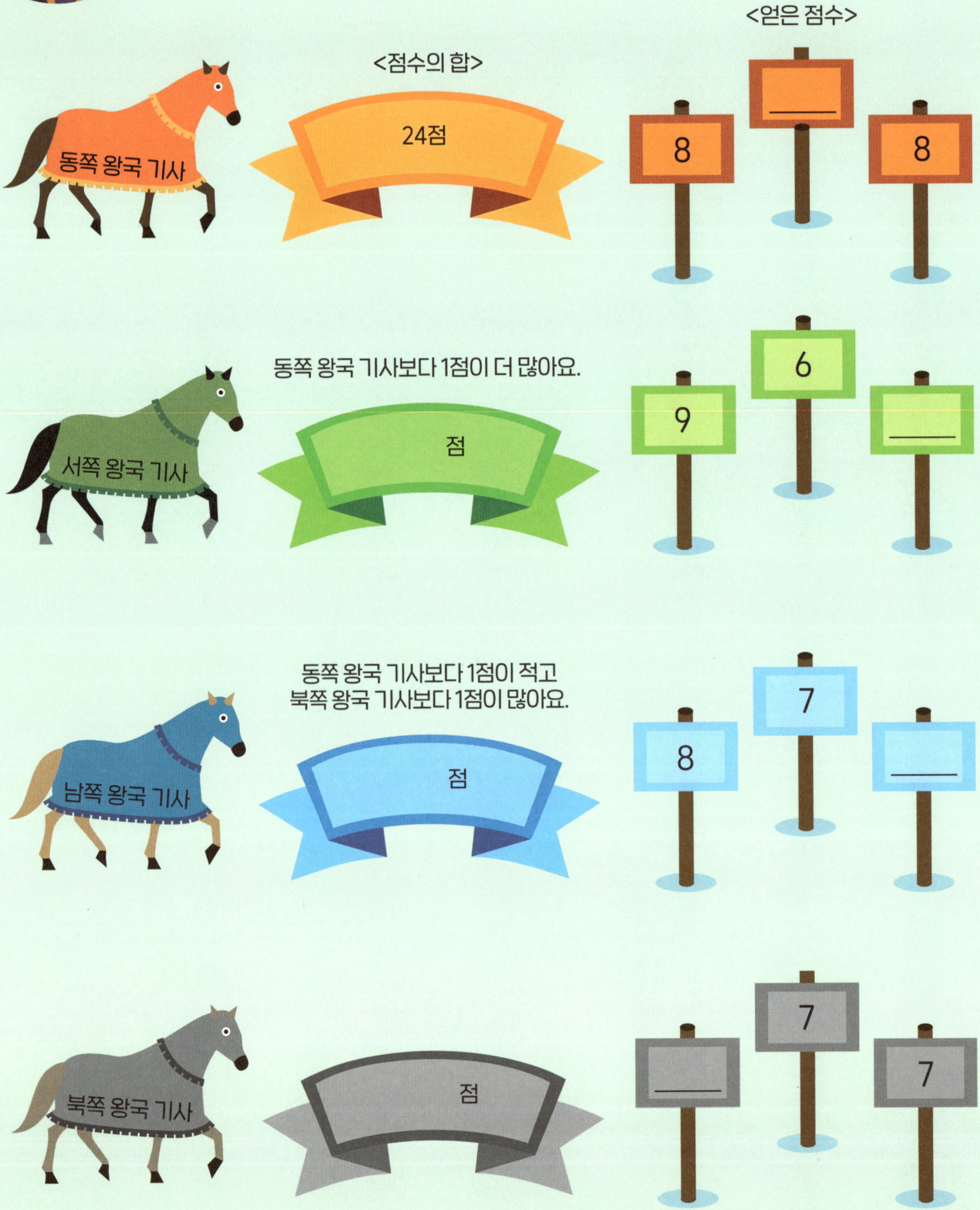

우승자는 ______________________ 입니다.

고리 던지기 게임도 펼쳐졌어요. 창에 걸린 고리의 개수를 세어
표의 빈칸에 알맞은 수를 써넣으세요.
고리의 색에 따라 점수가 다르니 점수 계산이 끝나면 아래 점수표와 짝을 지어 주세요.

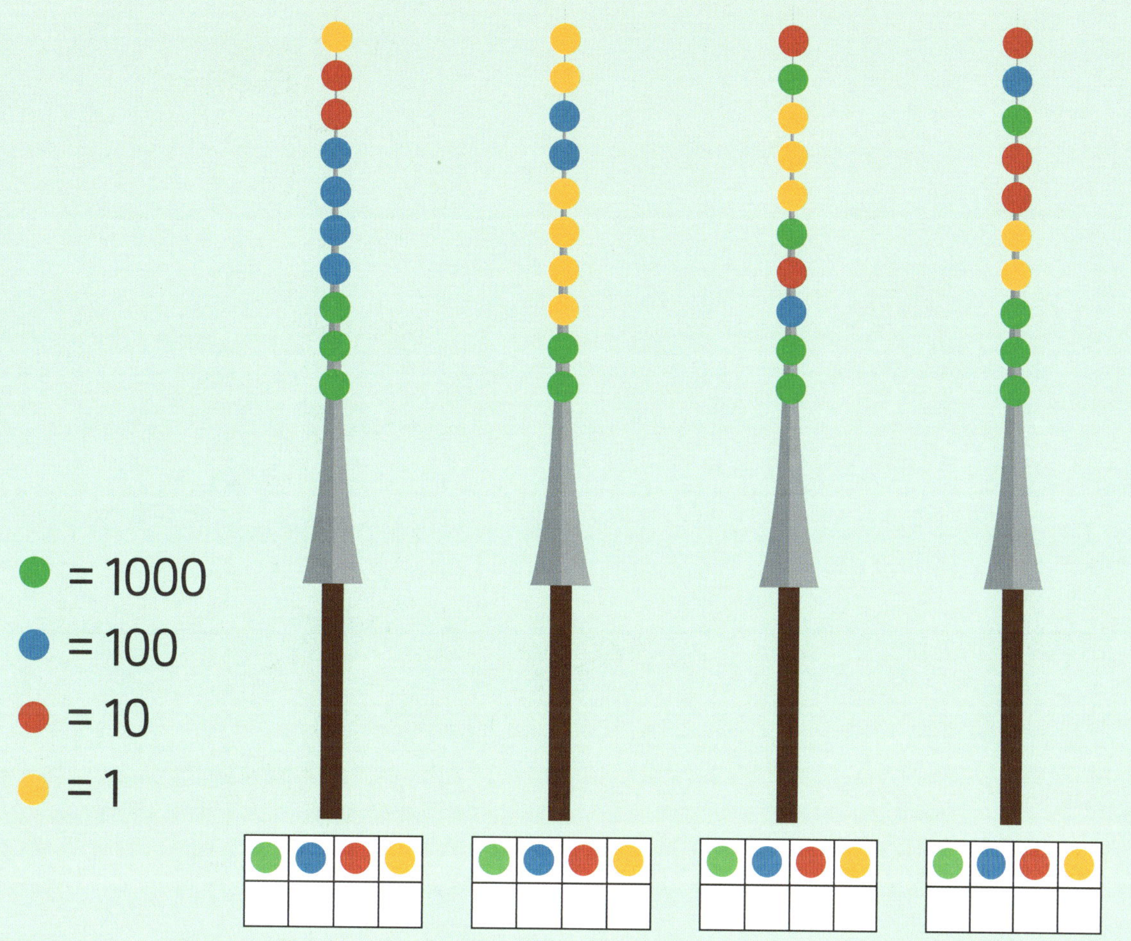

우승자의 점수는______________________입니다.

피라미드의 수

피라미드 등반 경기는 직접 선수로 뛰어 볼까요?
피라미드에서 위 칸의 수는 아래 두 칸의 수의 합과 같아요.
수를 써넣어야 올라갈 수 있답니다.

이상한 암호

어릿광대가 또 장난을 쳤어요. 점수를 암호로 매겨 놓아서
누가 우승자인지 알 수가 없습니다. 우승자를 알기 위해선
이 암호를 풀어야 해요. 암호를 풀어 점수의 합을 구해 보세요.

	고리 던지기 게임	피라미드 게임	장애물 달리기	점수의 합
동쪽 왕국 기사	■■■ ●●●●● ●●●	■■■■■ ●●●●● ●	▲ ■■ ●●	
서쪽 왕국 기사	■■■■ ■ ●●●	●●●● ●● ■■■	●●● ■■■ ■■■ ●●●● ●	
남쪽 왕국 기사	■ ● ■	▲ ■■ ●●●●● ●●●	●● ■■ ●	
북쪽 왕국 기사	■■■■ ●●●● ■■	●●●● ■■ ●	■■■■ ■ ●●	

덕분에 우승자를 가릴 수 있었어요.
심판이 고맙다고 시상을 부탁하네요.
책 뒤에 기사의 말이 그려진 스티커를 찾아서
시상대에 붙여 주세요.

마법사의 비밀 서재

성의 가장 위쪽에는 비밀의 방이 하나 있어요. 바로 대마법사의 서재랍니다.
그곳에는 주문 책, 물약 책, 마법 책 등 세상의 모든 마법 책이 있어요.
하지만 대마법사의 마법 책을 함부로 사용하면 안 돼요.

한번은 우리 성의 요리사 마시쓰가 우스꽝스러운 사고를 치고 말았지요. 그날은
튤리피오 왕의 생일이라, 요리사 마시쓰는 케이크 10개를 만들기로 했어요. 마시
쓰는 몰래 비밀 서재로 들어가 요리 마법 책을 찾아서 케이크를 빨리 굽는 마법을
썼어요.
"달려라 내 두 손아, 아주 빠르게. 나는 더 이상 기다릴 수가 없구나. 나는 어서 맛
있는 케이스(상자)를 맛보고 싶어."
하지만 마시쓰가 마음이 급한 나머지 '케이크'를 '케이스'로 발음해 버렸지 뭐예요!
그러자 여러 색깔의 크림을 얹은 케이스(상자)가 나타났어요. 아주 먹음직스러운
케이크처럼 보였지만 상자일 뿐이었어요. 어떤 사람들은 케이크를 자르려다가 당
황했고, 배가 고파 한입에 넣어 먹으려다 이가 상한 사람도 있었답니다.

어쨌든 그날 이후로 대마법사는 또 다른 사고를 막기 위해 서재를 잠가 두기로 했
어요. 이제 대마법사의 서재에 들어가기 위해서는 마법의 주문으로 자물쇠를 풀
어야만 해요.

대마법사는 피슈크의 마법 스승이에요. 늘 열심히 마법 공부를 하는 피슈크를 위해 특별히 스승님이 자물쇠의 주문을 적어 주셨어요. 같이 풀어 볼래요?

피슈크에게
네모 칸의 계산식을 풀어서 그 값이 쓰인 글자를 칸 안에 넣으렴.
그럼 주문을 읽을 수 있단다!

| 30+15 | 12+21 | 8×2 | | 6×6 | 7×9 | 45+18 | | 6×7 | 8+7 |

| 14÷7 | 20−8 | 24÷3 | 56÷8 | 50−9 | 4×3 | 32÷4 |

| 5+8 | 4×5 | 26+17 | 52−31 | 16÷2 |

이야호! 여러분 덕분에 피슈크가 주문을 찾았어요.

책장에 이름표 달기

피슈크는 오늘 서재의 책을 모두 정리하기로 했어요. 이 많은 책을 혼자서 정리하기는 어려울 것 같은데, 피슈크가 책 정리하는 걸 도와주세요.
아래 책꽂이에 꽂힌 책을 세어 보세요. 그다음 오른쪽에 있는 주의 사항을 읽고 빈칸에 알맞은 수를 쓴 다음 책의 수에 따라 책꽂이마다 놓인 이름표에 알맞은 이름을 써 주세요.

주의 사항

- '마법 주문' 책은 '마법 물약' 책보다 10권 더 많습니다.
- '비밀 재료' 책은 가장 적습니다.
- '마법 공식' 책은 '마술' 책보다 적습니다.

전체 책 수: _____189_____ 권

마법 주문: _______ 권   마법 물약: _______ 권   마법 공식: _______ 권

마술: _______ 권   비밀 재료: _______ 권

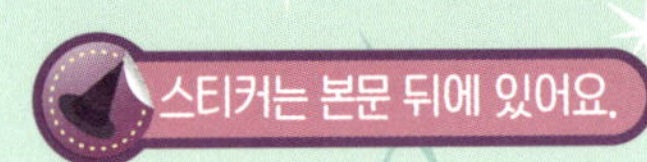

조건에 맞게 책을 꽂아야 해

이제 책 목록에 따라 책을 다시 정리해야 해요.
24권의 책을 2개의 책장에 똑같이 나누어 꽂으려고 해요.
칸마다 꽂아야 하는 책이 몇 권인지 구하여 책 스티커를 붙여 보세요.
책의 색은 신경 쓰지 않아도 돼요.

(1) 책장 한 개에 몇 권의 책을
  꽂아야 하나요?

  ____

(2) 한 칸에는 몇 권의 책을
  꽂아야 하나요?

  ____

이번엔 좀 다르게 책 정리를 해야 해요.
맨 꼭대기는 한 권만 꽂고, 아래로 내려갈수록
책이 한 권씩 많아지도록 정리할 거예요!
책 스티커를 사용하여 붙여 보세요.

(3) 오른쪽 책장에는 모두 몇 권의 책을 꽂을 수 있나요?

  ____

(4) 만약 칸이 7개라면 책은 모두 몇 권 꽂을 수 있나요?

  ____

(5) 책 45권을 같은 방법으로 꽂기 위해서는 모두 몇 칸이
  필요할까요?

  ____

스승님이 쪽지를 보내 왔어요.

피슈크와 용감한 친구에게

책장에 마법 물약책을 꽂아야 한단다.
책은 이미 내가 다 분류해서 5권씩 묶어 두었어.
어제 밤에 내가 두 묶음을 꽂았고, 오늘 아침에 또 한 묶음을 꽂아 두었다.
너희가 나머지 10권만 더 꽂아 주겠니? 고맙구나.

(6) 마법 물약책은 모두 몇 권인가요? ________________

이 일이 다 끝났다면 이제
〈위대한 마법 주문책〉을 공부해야 합니다.

〈위대한 마법 주문책〉은 모두 6단원이고,
한 단원은 12쪽씩 있단다.
어제 네가 15쪽을 공부했고,
그저께는 11쪽을 공부했지.
오늘 나머지 부분을 모두 공부하렴!

(7) 오늘 몇 쪽을 공부해야 할까요? ________________

계산식에 맞는 재료를 찾아봐!

피슈크가 드디어 물약을 만들 수 있게 되었어요.
아래 재료들의 색을 잘 살펴보세요.
물약마다 제조법을 보고 비커 속에 알맞은 재료를 넣으면 돼요.
비커 안의 계산식을 구하고 답마다 재료에 적힌 값과 같은 색을 칠해 보세요.

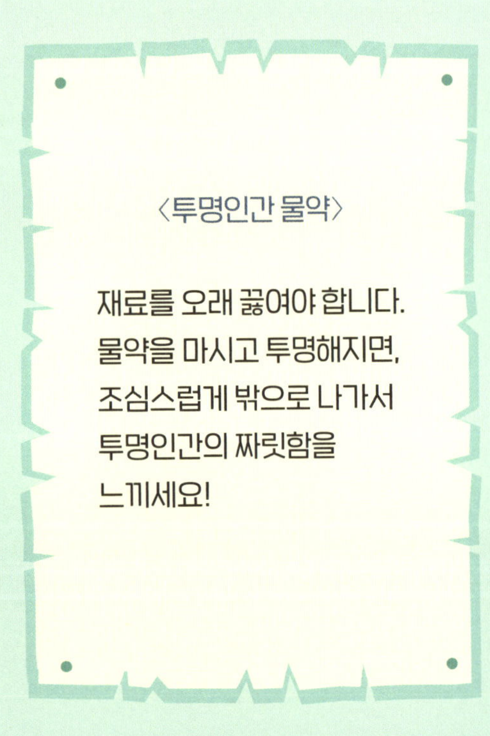

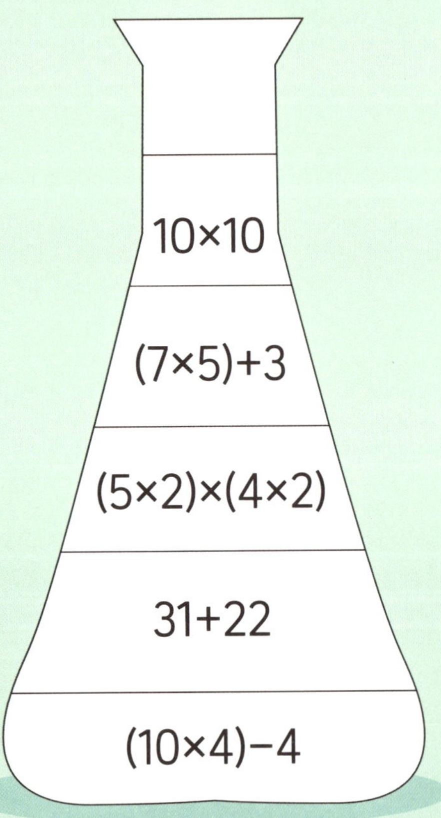

<목마름 해소 물약>

레몬즙을 섞은 후에
충분히 흔드세요.
그리고 단숨에 물약을
마셔 보세요!

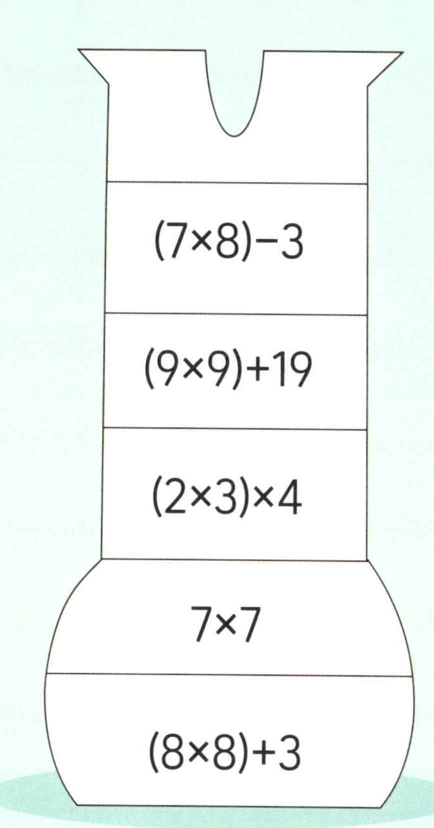

왼쪽에 새로운 물약을 개발하려고 미리 재료를 넣어 두었어요.
재료 색을 살펴보고 재료마다 적힌 수와 계산식의 답이 같도록
빈칸에 알맞은 수를 써넣으세요
그다음에 새로운 물약의 이름과 주의 사항도 써 보세요.

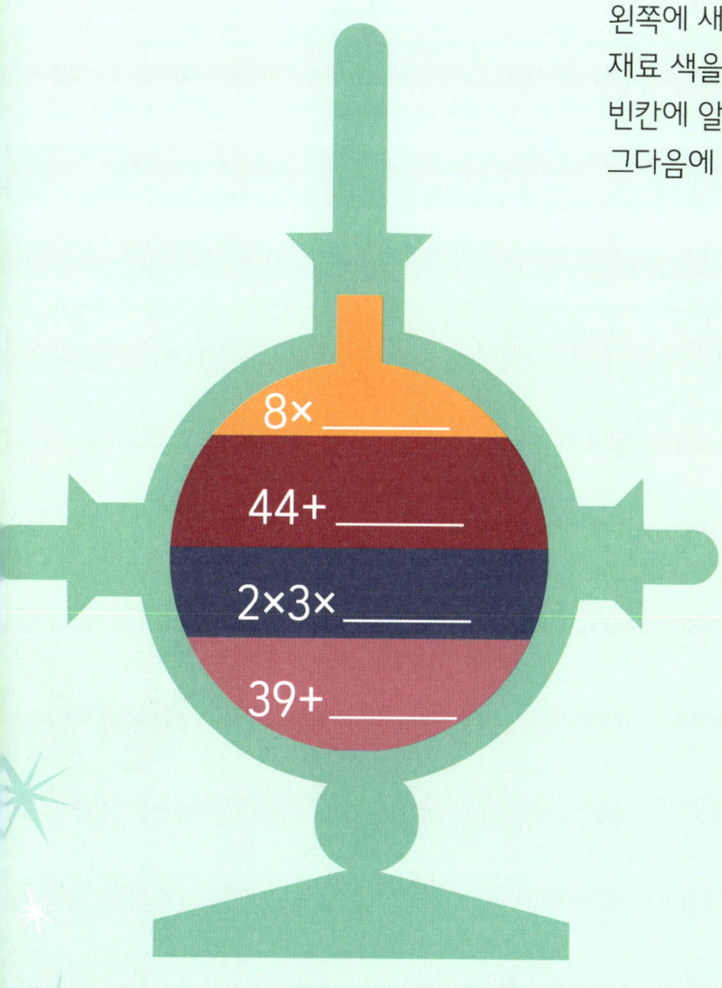

정원에서 일어난 일

이 성의 정원은 정말 아름답습니다. 마치 튤리피오 왕과 튤립 왕비의 왕관에 있는 보석처럼 눈부시죠. 아름다운 정원을 유지하기 위해 정원사들은 매일 쉴 틈 없이 일해야 해요.

1월에는 가지치기하고, 2월에는 무를 심고, 3월에는 수선화 싹을 돌보고, 4월에는 온실의 화분을 밖으로 옮겨 심어야 하거든요. 5월에는 장미가 피고, 6월에는 체리가 열려요. 7월에는 난초, 9월에는 라일락, 10월에는 포도나무를 가꿔야 한답니다. 11월에는 다시 모든 식물을 온실로 옮겨야 하고, 12월에는 크리스마스 장식을 할 나무를 모아야 해요.

오늘은 대마법사가 피슈크에게 정원을 여러 구역으로 나누라고 했어요.
피슈크를 도와 정원의 구역을 나누어 주세요.

스티커는 본문 뒤에 있어요.

마법사의 지시에 따라 정원을 나누고 스티커로 예쁘게 꾸며 보세요.
가로의 영어와 세로의 숫자가 만나는 위치를 찾으면 됩니다.

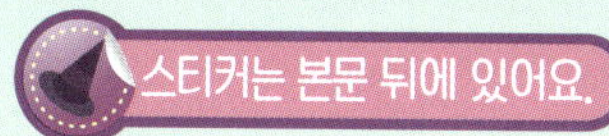

지시

- 연못은 B9, C9, B8, C8, C7, D8 에 있어.
- 장미 정원이 있는 곳은 C2, C3, C4 야.
- 분수는 G5 에 있고, 미로는 H3, I3, H2, I2 에 있어.
- 정원을 통과하는 길은 B1, B2, B3, B4, B5, C5, D5, D4, E4, F4, F5, F6, F7, F8, F9, E9, E10 이야.
- H9, I8, H7 에는 노란 꽃이, I7, H8, I9 에는 빨간 꽃이 피어 있단다.

10										
9										
8										
7										
6										
5										
4										
3										
2										
1										
	A	B	C	D	E	F	G	H	I	J

똑같이 나누어 심어요

정원사 피오가 어디에 어떤 꽃을 심어야 하는지를 몰라서 헤매고 있어요.
피오를 도와 꽃을 심어 봐요.

(1) 파란 데이지 16송이를 4줄에
    똑같이 나눠서 심어야 해요.
    한 줄에 파란 데이지를
    몇 송이씩 심어야 할까요?

$16 \div 4 =$ ＿＿＿＿ (송이)

(2) 튤립 18송이를 2개의 화분에
    나눠 심어야 해요.
    한 화분에 튤립을 몇 송이씩
    심어야 할까요?

$18 \div$ ＿＿ $=$ ＿＿＿ (송이)

(3) 이번에는 장미를 5개의 화분에
    똑같이 나누어 심어야 해요.
    한 화분에 장미를
    몇 송이씩 심어야 할까요?

＿＿ $\div 5 =$ ＿＿ (송이)

(4) 하얀 데이지는 저녁 파티에 쓰일
    꽃이랍니다. 꽃병 6개에 똑같이
    나눠서 꽂는다면 꽃병 한 개에
    하얀 데이지를 몇 송이씩
    꽂아야 할까요?

＿＿ $\div$ ＿＿ $=$ ＿＿＿ (송이)

피오는 꽃을 피우는 건 잘하지만,
꽃을 배치하는 건 너무 어렵대요.
화단에는 가로줄과 세로줄에
서로 다른 꽃이 각각
한 송이씩 들어가야 합니다.
책 뒤에서 꽃 스티커를 찾아
알맞게 붙여 주세요.

조건에 맞게 심어요

튤립 왕비는 이웃 나라로부터 여러 종류의 꽃을 사는 취미가 있어요.
피오는 사 온 꽃들을 화단에 심지요. 피오가 꽃을 심는 걸 도와주세요.

12 **15** **9**

이번에 튤립 왕비가 산 꽃은 빨간 튤립 12송이, 제비꽃 15송이, 흰 장미 9송이 입니다. 이 꽃을 화단 3개에 똑같이 나눠서 심어야 해요. 아래 질문을 따라 스티커를 사용해서 꽃을 붙여 주세요.

(1) 한 화단에 튤립은 몇 송이씩 심어야 할까요?

　　＿＿ 송이

(2) 한 화단에 제비꽃은 몇 송이씩 심어야 할까요?

　　＿＿ 송이

(3) 한 화단에 흰 장미는 몇 송이씩 심어야 할까요?

　　＿＿ 송이

(4) 한 화단에 심은 꽃은 모두 몇 송이일까요?

　　＿＿ 송이

(5) 한 화단에 심은 꽃 중 빨갛지 않은 꽃은 몇 송이일까요?

　　＿＿ 송이

오른쪽 화분에는 빨간 튤립이
노란 튤립의 두 배만큼
심겨 있습니다.

⑹ 노란 튤립은 모두 몇 송이일까요?
  알맞게 색칠해 보세요.

　　 ──── 송이

피오는 똑같은 화분 4개를 만들어야 합니다. 심어야 하는 꽃은 모두 28송이이고 종류는 장미, 데이
지, 튤립이에요. 각 화분에 튤립은 장미의 두 배고, 데이지는 튤립의 두 배가 되도록 똑같게 나누어
심으려고 합니다. 꽃을 알맞게 그려 보세요.

⑺ 한 화분에는 몇 송이의 꽃이 있나요?

　　 ──── 송이

⑻ 한 화분에 있는 장미는 몇 송이인가요?

　　 ──── 송이

⑼ 한 화분에 있는 데이지는 몇 송이인가요?

　　 ──── 송이

⑽ 한 화분에 있는 튤립은 몇 송이인가요?

　　 ──── 송이

어떤 정원이 가장 클까?

성안에는 피오 말고도 다른 정원사들이 더 있습니다. 어느 정원에 가장 많은 꽃이
심겨 있을까요? 꽃 스티커를 붙이면 누구의 정원에
가장 많은 꽃이 있는지 알 수 있을 거예요.
가장 넓은 정원을 찾아서 ○ 표시해 보세요.

미로 정원

정원 안에는 오래된 미로가 있어요. 미로 안 어딘가에 마법 주문이 적힌 종이가 있지요.
피슈크가 그 종이를 찾아서 스승님께 가져다주기로 했어요.
종이를 찾기 위해서는 아래 쓰인 수와 같은 계산식을 찾아 순서대로 따라 가면 됩니다.
선으로 나타내어 보세요.

보기

$$27 \rightarrow 35 \rightarrow 58 \rightarrow 63 \rightarrow 81 \rightarrow 76 \rightarrow 54 \rightarrow 48 \rightarrow 82 \rightarrow 67 \rightarrow 28$$

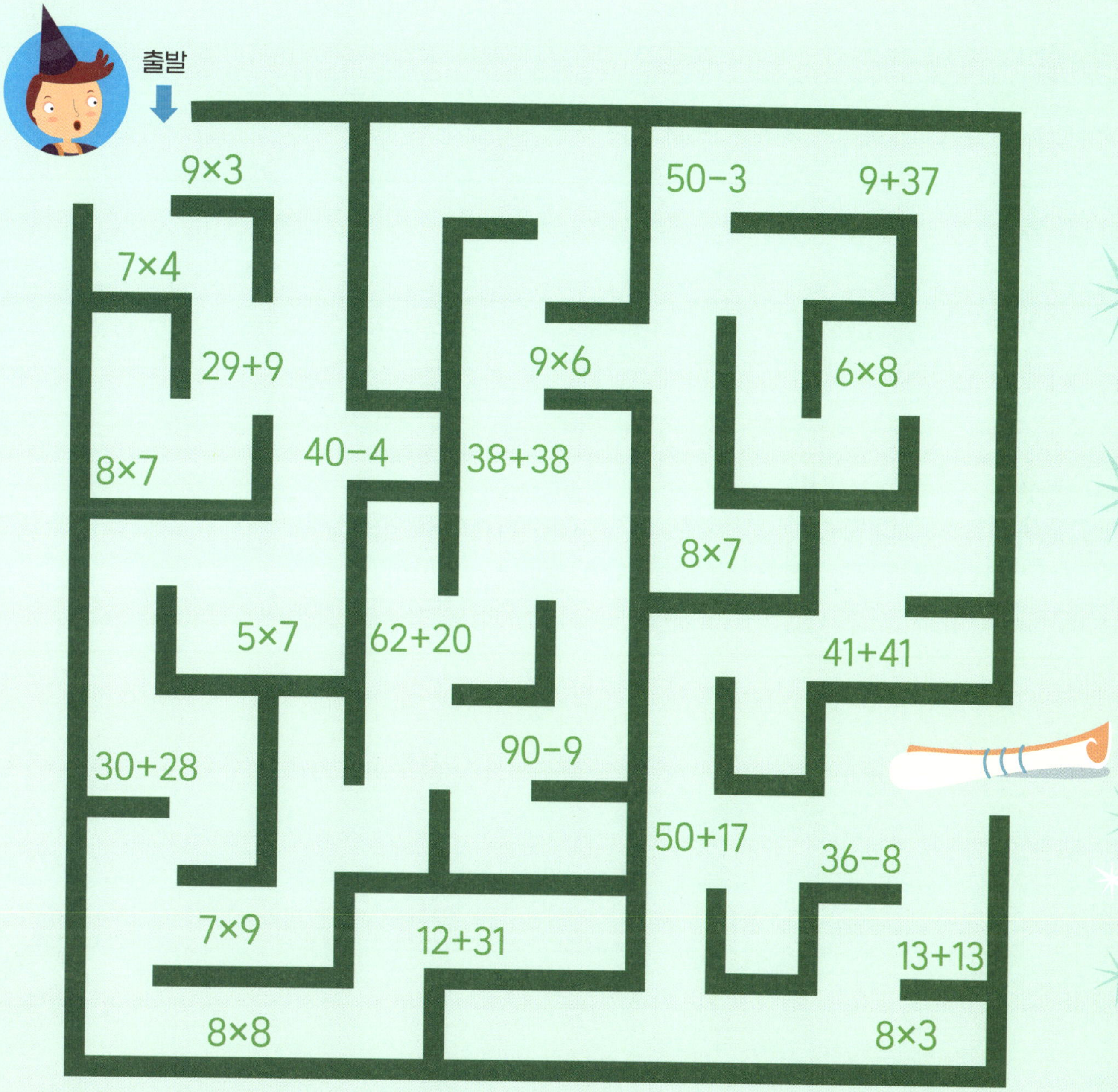

출발

성에서의 하루

성안에서의 하루는 여러분이 상상도 못 할 만큼 바빠요. 성안 사람들이 모두 고상하고 우아할 거로 생각했다면 크나큰 착각이에요!

요리사 마시쓰가 하루를 가장 먼저 시작합니다. 아침에 먹을 빵을 만들기 위해 날마다 새벽부터 밀가루 반죽을 해야 하거든요. 고소한 냄새가 성안 곳곳에 퍼지면 사람들이 한 명씩 아침을 먹으러 온답니다.

아침을 먹고 나면 저마다 할 일을 시작해요. 정원사는 나무와 꽃을 살피고, 마구간지기는 말들과 함께 아침 산책하러 나가지요. 왕과 왕비는 아직 모으지 못한 튤립의 씨앗을 찾으러 떠납니다.

화가인 다그리오는 가장 아름다운 장면을 그릴 수 있는 곳을 찾아다녀요. 하지만 잘 찾지 못해서 이상한 곳에서 그림을 그리다가 페인트 통에 발이 빠진 적도 있답니다.

저녁에는 음악가들이 아름다운 곡을 연주해요. 모든 사람이 즐길 수 있도록 다양한 음악과 무용, 공연이 펼쳐집니다.

모두가 잠에 들면, 말썽꾸러기 유령들이 나와서 오래된 벽을 타고 논답니다. 오래된 성에는 언제나 유령이 있는 법이니까요.

요리사 마시쓰는 대부분 주방에서 요리하지만, 오늘은 피슈크에게 창고 정리를 같이하자고 부탁했어요. 요리할 때 바로바로 필요한 재료들을 찾으려면 미리 창고 정리를 해 두어야 하거든요.
아래 재료들에 번호표를 붙여 정리하려고 합니다. 규칙을 찾아서 알맞은 수를 써 보세요.

삐에로의 묘기

삐에로들이 오늘 저녁에 있을 공연 준비를 하고 있어요. 그런데 공연 도구들이
다 섞여 버렸어요. 피슈크가 마법으로 공연 도구를 찾게 해 준대요.
선의 색깔에 쓰인 규칙대로 계산하면 마지막 결괏값에 해당하는
악기를 찾을 수 있어요.
책 뒤의 알맞은 스티커를 찾아 마지막 칸에 붙여 주세요.

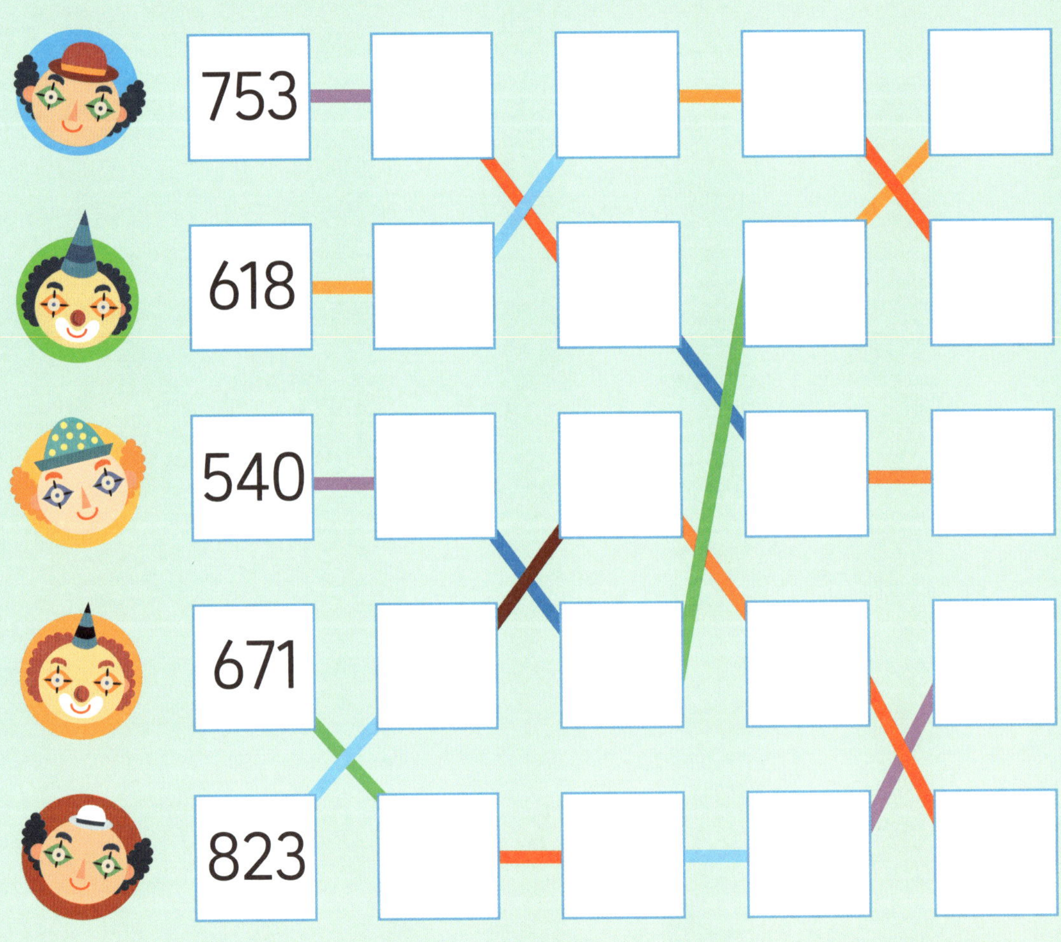

다른 방에서 삐에로들이 아슬아슬한 묘기를 연
습하고 있어요. 균형 잡기는 오른쪽과 왼쪽의 무
게가 같아야 하는데, 한쪽 수가 빠져 있어서 잘못
하면 금방 넘어질 거 같아요.
삐에로가 균형을 잃지 않게 양쪽의 값이 같도록
빈칸에 알맞은 수를 써넣어 주세요.

초상화 그리기

오늘은 화가 다그리오가 튤립 왕비의 초상화를 그리는 날이에요.
화가 다그리오가 아래 팔레트에 놓인 물감으로 초상화에 색칠할 수 있도록
도와주세요.
계산 결과를 보고 알맞은 색을 칠해 보세요.

유령의 장난

꼬마 유령들이 짓궂은 장난을 쳤어요.
튤리피오 왕가의 초상화들을 액자에서 모두
빼 버렸지 뭐예요. 튤리피오 왕이 이 사실을
알기 전에 원래대로 돌려놓아야 해요.
제목에 있는 계산식의 값과 같은 숫자가 적힌
초상화를 책 뒤의 스티커에서 찾아 붙여 주
세요.

이런, 이번엔 장난꾸러기 유령이
전시되어 있던 갑옷을 모두 분리
해 놨어요.
제자리에 돌려놓으려면 계산식을
풀어서 결과가 같은 것끼리 맞추
면 돼요. 선으로 이어 주세요.

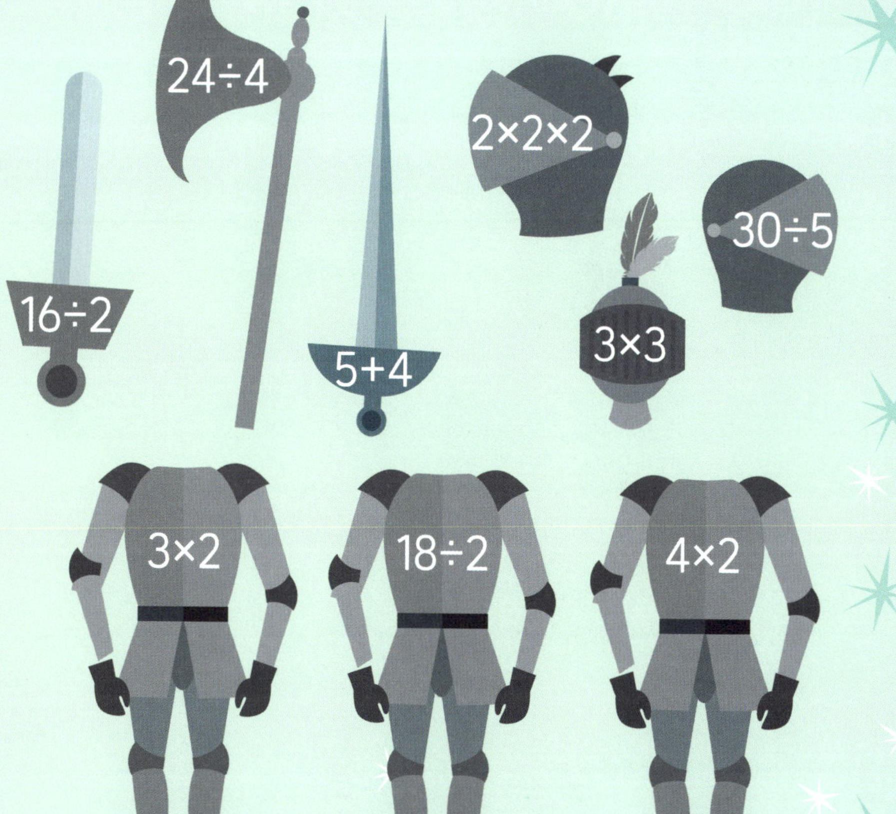

성대한 무도회

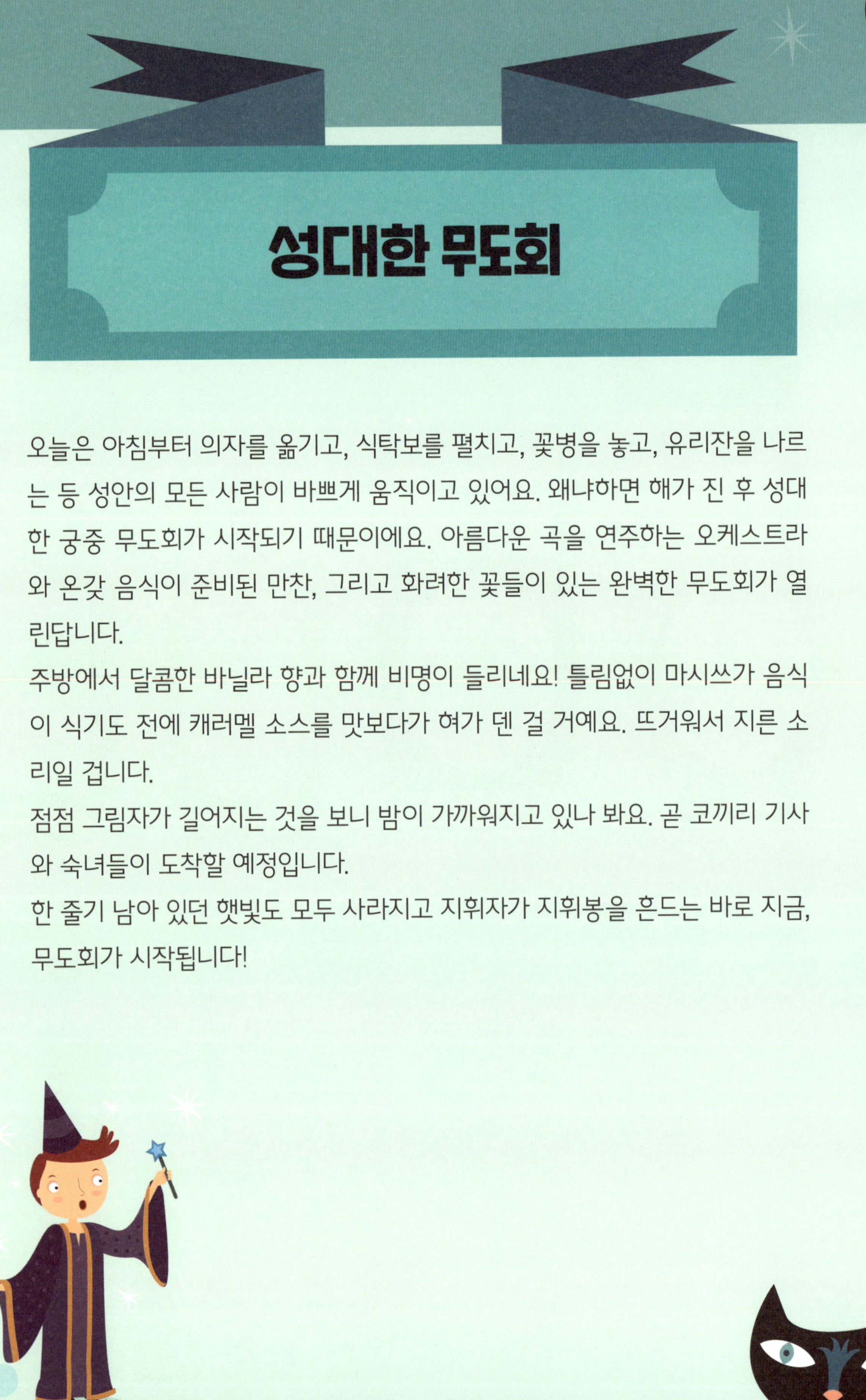

오늘은 아침부터 의자를 옮기고, 식탁보를 펼치고, 꽃병을 놓고, 유리잔을 나르는 등 성안의 모든 사람이 바쁘게 움직이고 있어요. 왜냐하면 해가 진 후 성대한 궁중 무도회가 시작되기 때문이에요. 아름다운 곡을 연주하는 오케스트라와 온갖 음식이 준비된 만찬, 그리고 화려한 꽃들이 있는 완벽한 무도회가 열린답니다.

주방에서 달콤한 바닐라 향과 함께 비명이 들리네요! 틀림없이 마시쓰가 음식이 식기도 전에 캐러멜 소스를 맛보다가 혀가 덴 걸 거예요. 뜨거워서 지른 소리일 겁니다.

점점 그림자가 길어지는 것을 보니 밤이 가까워지고 있나 봐요. 곧 코끼리 기사와 숙녀들이 도착할 예정입니다.

한 줄기 남아 있던 햇빛도 모두 사라지고 지휘자가 지휘봉을 흔드는 바로 지금, 무도회가 시작됩니다!

튤립 왕비가 빨간색, 노란색, 보라색 꽃을 준비해서 꽃병에 꽂아 달라고 했어요.
튤립 왕비의 편지를 읽고 알맞은 꽃병을 찾아서, 책 뒤에 꽃병 스티커를 붙여 주세요.

튤립 왕비의 편지

- 넷째 꽃병에는 빨간 꽃이 없어야 합니다.
- 첫째 꽃병에는 색깔별로 똑같은 개수의 꽃을 꽂아요. 그 합은 홀수여야 합니다.
- 셋째 꽃병에는 꽃이 가장 많아야 해요.
- 다섯째 꽃병에는 노란 꽃과 보라 꽃의 개수가 같으면 안 됩니다.
- 둘째 꽃병에는 빨간 꽃이 보라 꽃보다 많아야 합니다.

첫째

둘째

셋째

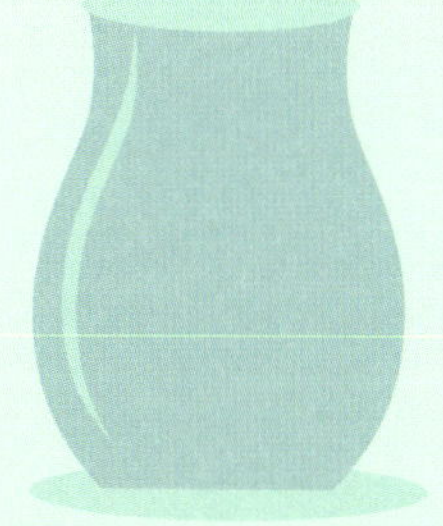

넷째

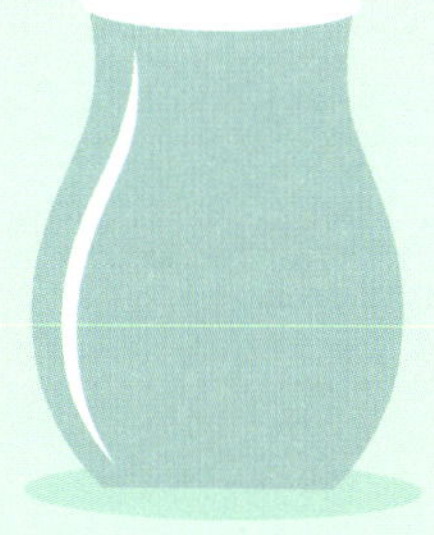

다섯째

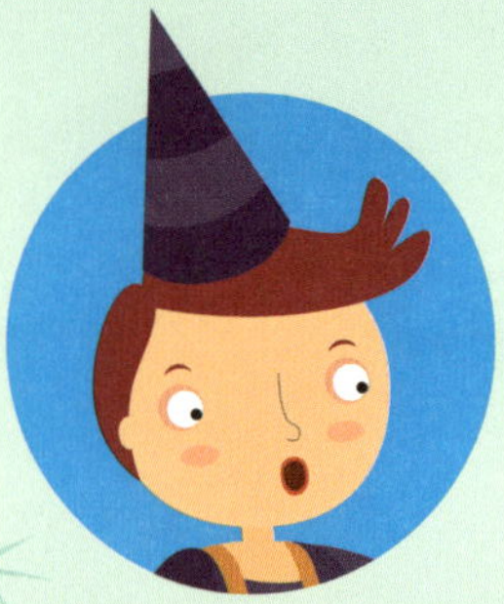

케이크 만들기

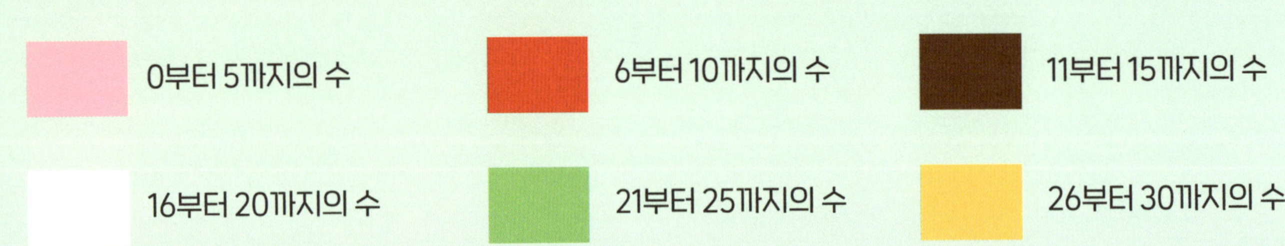

무도회가 열릴 때마다 특별한 음식을 준비해요.
요리사 마시쓰가 튤리피오 왕이 좋아하는 케이크를 구웠어요.
우리는 함께 케이크 장식을 도와줘요.
계산 결괏값에 맞게 알맞은 색을 칠해 보세요.

0부터 5까지의 수	6부터 10까지의 수	11부터 15까지의 수
16부터 20까지의 수	21부터 25까지의 수	26부터 30까지의 수

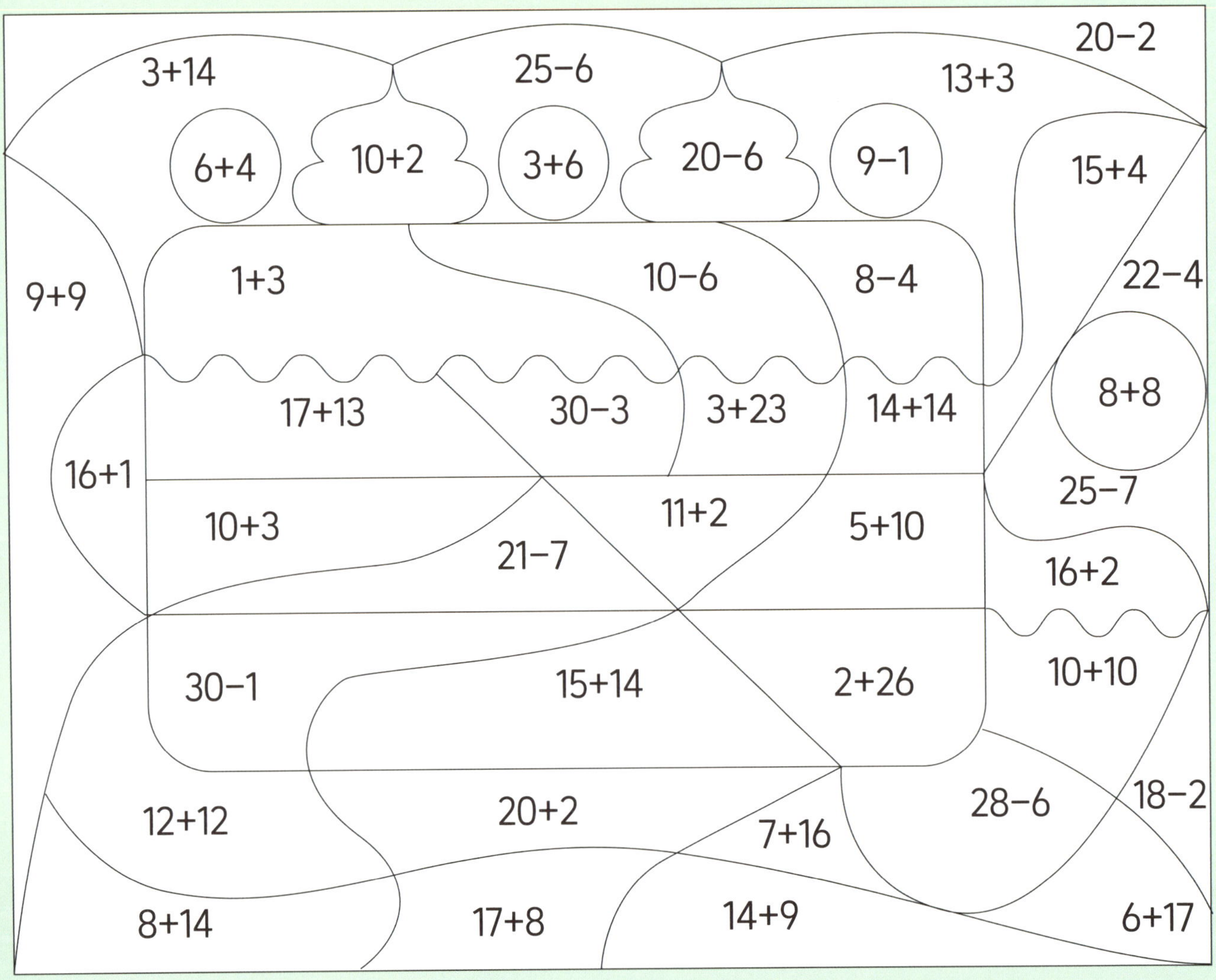

튤립 왕비가 고민이 많아 보입니다. 이번 연회에서 쓸 케이크를 골라야
하는데 모두 맛있어 보여서 고르기가 어렵대요!
아래에 적어 둔 왕비의 취향을 읽고, 알맞은 케이크를 골라 주세요.

- 왕비는 과자를 그렇게 좋아하지 않음.
- 왕비는 과일 케이크를 좋아함.
- 왕비는 초콜릿이 없는 케이크를 좋아함.
- 왕비는 케이크 위에 짝수 개의 과일이 있는 것을 좋아함.
- 왕비는 블루베리보다 라즈베리를 더 좋아함.

- 2, 4, 6, 8, 10과 같이 둘씩 짝을 지을 때 남지 않는 수를 짝수라고 해요.
- 1, 3, 5, 7, 9와 같이 둘씩 짝을 지을 때 하나가 남는 수를 홀수라고 해요.

무도회

드디어 무도회가 시작되었어요. 기사들이 춤을 출 숙녀들을 찾고 있네요.
기사들과 숙녀들이 가진 카드의 값을 계산해서 같은 값이 나오는 사람끼리 같은 색으로 칠해 파트너가 되도록 도와주세요.

5×3−4

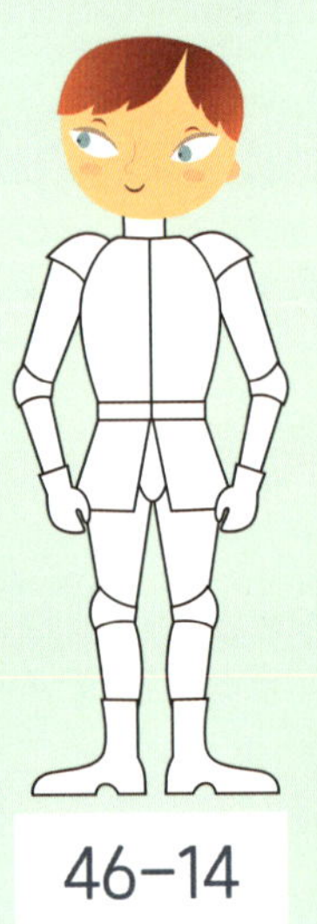

46−14

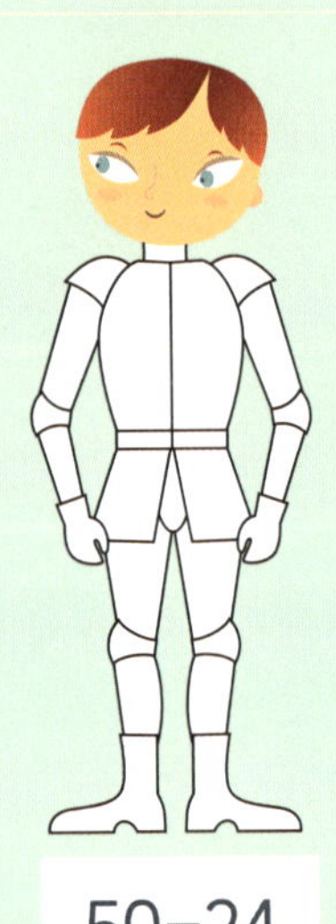

50−24

4×8

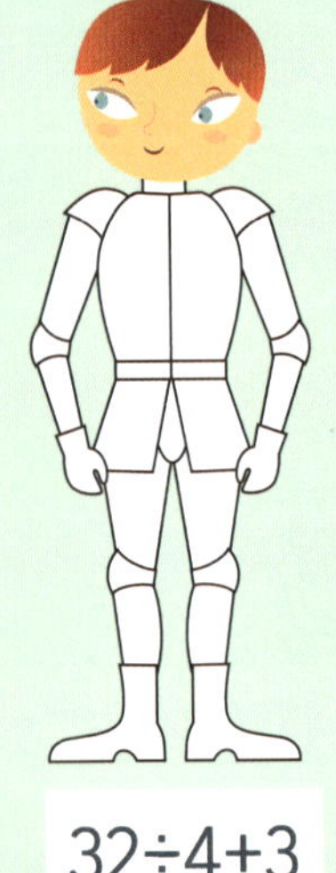

32÷4+3

7×2−2

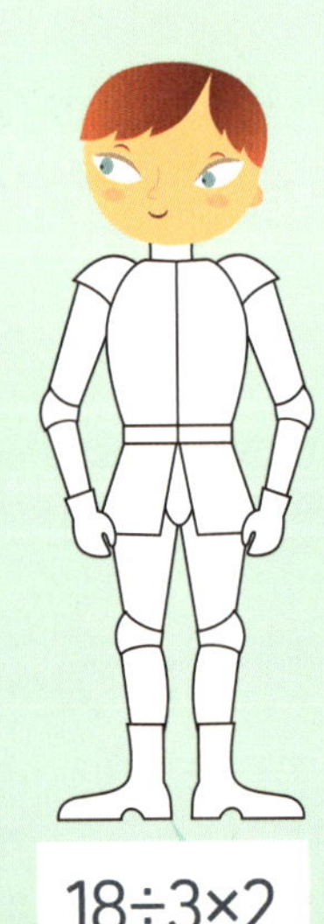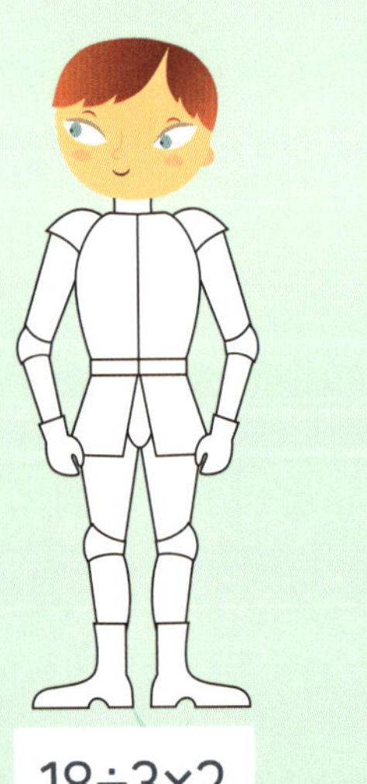

18÷3×2

7×3+5

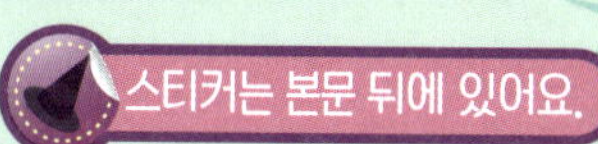

아름다운 음악이 흘러나옵니다. 아래 문제를 풀어서 ◯ 안에 결과를 써넣고, 책 뒤에서 같은 값인 스티커를 찾아서 음표에 붙여 주세요. 스티커를 붙인 음표를 큰 수부터 작은 수까지 차례대로 이으면 무도회에 어울리는 노래가 연주될 거예요.

28 5 30 27 23 12 10 7 19 21 13 20

7에 23을 더하면 ◯	33에서 12를 빼면 ◯
7에 10의 2배를 더하면 ◯	14의 2배는 ◯
18의 반에 3을 더하면 ◯	20의 반에 반이면 ◯
10에 3을 더하면 ◯	5의 3배에 2의 2배를 더하면 ◯

마지막 시험

오늘은 엄청 중요한 시험이 있는 날이에요! 피슈크가 이번 시험을 통과해야 정식
으로 마법사가 될 수 있거든요.

대마법사는 피슈크에게 침착하게 시험을 치르면 된다고 말했어요. 대법사에게 마
법사 시험은 너무 쉬워서 침착하게 볼 수 있을지 모르지만, 피슈크에게는 쉬운 게
아니라고요!

어떤 게 시험 문제로 나올지는 그 누구도 알 수 없어요. 마법 물약 재료를 색이나
냄새로 구분하는 문제가 나올 수도 있어요. 어떤 마법 재료는 냄새가 아주 고약해
서 상상만 해도 끔찍하답니다. 완성된 물약 재료를 계산하는 게 나올 수도 있고
한 자리에서 여러 주문을 외우게 할지도 몰라요.

그래도 이 시험을 통과한다면, 피슈크도 마법 지팡이를 가질 수 있어요.

여러분도 피슈크와 함께 마법 시험에 도전해 보아요!

첫 번째 문제는 물약 제조하기예요.
각 약병에 알맞은 물약을 넣어야 합니다.
빨강, 노랑, 초록 세 종류의 물약이 있고, 각각 두 병씩 만들어야
합니다.
약병 아래에 붙어 있는 마법의 세기를 잘 보고 조건에 맞게 물약
을 색칠해 보세요.

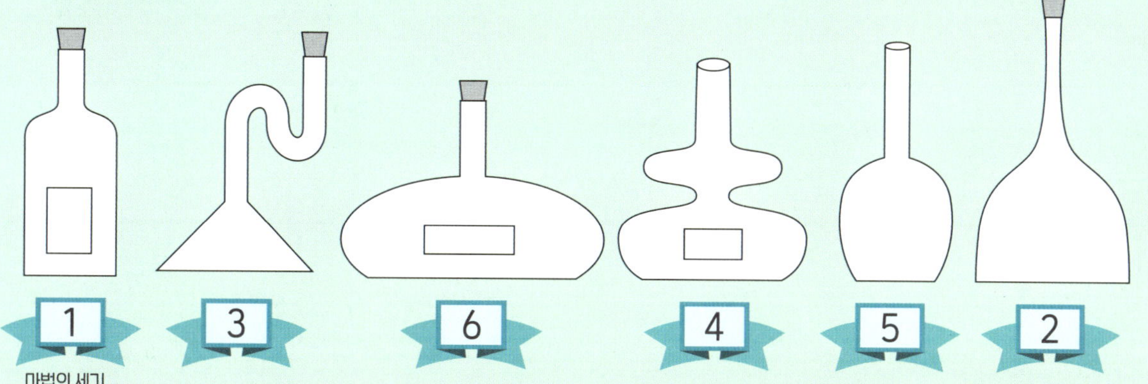

조건

- 뚜껑과 이름표가 모두 없는 약병에는 빨간 물약이나 초록 물약이 들어 있지 않습니다.
- 마법의 세기가 가장 강한 물약은 빨간색입니다.
- 노란 물약이 들어 있는 약병은 이름표가 없고, 서로 옆에 붙어 있지 않습니다.
- 초록 물약병 중 하나는 노란 물약병과 빨간 물약병 사이에 있습니다.
- 빨간 물약병에는 모두 이름표가 붙어 있습니다.
- 초록 물약의 마법의 세기를 모두 더하면 6이 됩니다.

마법의 세기 계산하기

마법사라면 솥에서 끓고 있는 것이 무엇인지 바로 알 수 있어야 해요. 그리고 그 마법 세기도 한눈에 알 수 있어야 합니다. 피슈크가 이 마법 재료들의 마법 세기를 계산할 수 있도록 도와주세요! 같은 재료는 마법 세기도 같습니다.

□ 안의 수는 재료 한 묶음의 마법 세기를 나타내고, ○ 안의 수는 전체 마법 세기를 나타냅니다. 빈칸에 알맞은 수를 써넣으세요.

마지막까지 힘을 내요!

이번에는 더 복잡한 계산을 할 수 있어야 합니다.
마법의 효과를 알아내야 하기 때문입니다.
마지막까지 힘을 내 보세요.

달팽이 집 3개는 마법의 세기가 9입니다
달팽이 집 2개의 마법의 세기가 얼마일까요?

요술 버섯 2개의 마법의 세기가 4입니다.
요술 버섯 6개는 마법의 세기가 얼마일까요?

용의 발톱 4개와 말린 도토리 8개의 마법의 세기는 20입니다.
용의 발톱 1개와 말린 도토리 2개의 마법의 세기는 얼마일까요?

사진을
붙이세요.

이름:

마법 세계의 이름:

나이:

축하합니다!

당신을 초급 마법사로 임명합니다.

당신은 복잡한 퍼즐을 풀고 마법 물약을 만들었으며,

엄청난 수학 과제를 해결하여서,

충분한 논리와 수학적 지식을 가지고 있음을 증명하였습니다.

이에 본 임명장을 수여합니다.

대마법사 드림

보기 와 같이 수를 읽거나 숫자로 써 보세요.

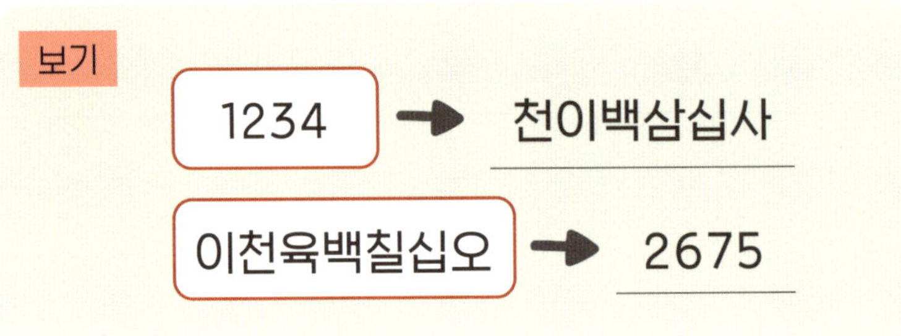

보기

| 1234 | → | 천이백삼십사 |

| 이천육백칠십오 | → | 2675 |

1. 2786 → ___________

2. 5479 → ___________

3. 3951 → ___________

4. 4680 → ___________

5. 6102 → ___________

6. 7036 → ___________

7. 오천삼백칠십이 → ___________

8. 삼천삼백사십 → ___________

9. 팔천이십육 → ___________

10. 구천팔 → ___________

 저금통에 들어 있는 돈은 각각 얼마인지 써 보세요.

11.

___________________ 원

12.

___________________ 원

13.

___________________ 원

14.

___________________ 원

15.

___________________ 원

16.

___________________ 원

더 풀어 보기

덧셈과 뺄셈을 해 보세요.

17.

	3	8
+	1	7

18.

	4	6
+	8	5

19.

	2	7	4
+	3	6	5

20.

	5	3	6
+	1	2	9

21.

	3	5	3
+	4	8	7

22.

	6	2	5
+	8	7	3

23.

	5	1
−		6

24.

	2	3
−		7

25.

	4	2
−	1	4

26.

	6	5
−	2	9

 수 배열표를 보고 규칙에 따라 빈칸에 알맞은 수를 써넣으세요.

27.

100	110		130	140
200		220	230	240
300	310	320		340
400	410		430	440
	510	520	530	

28.

901	902	903	904	
701	702	703		705
501		503	504	505
	302		304	305
101	102	103	104	105

29.

516+12=528

526+22=548

536+32= ⬚

⬚ +42=588

〈규칙〉

십의 자리 수가 1씩 커지는 두 수의 합은 ⬚ 씩 커집니다.

30.

276-124=152

376-224=152

476-324= ⬚

576- ⬚ =152

〈규칙〉

같은 자리 수가 똑같이 커지는 두 수의 차는 항상 일정합니다.

 주머니에 적힌 수만큼 사탕이 들어 있습니다. 저울 양쪽에 놓인 사탕의 수가 같을 때 ☐ 안에 주머니에 들어 있는 사탕의 수를 써넣으세요.

31.

32.

33.

34.

 물건값을 보고 물음에 답하세요.

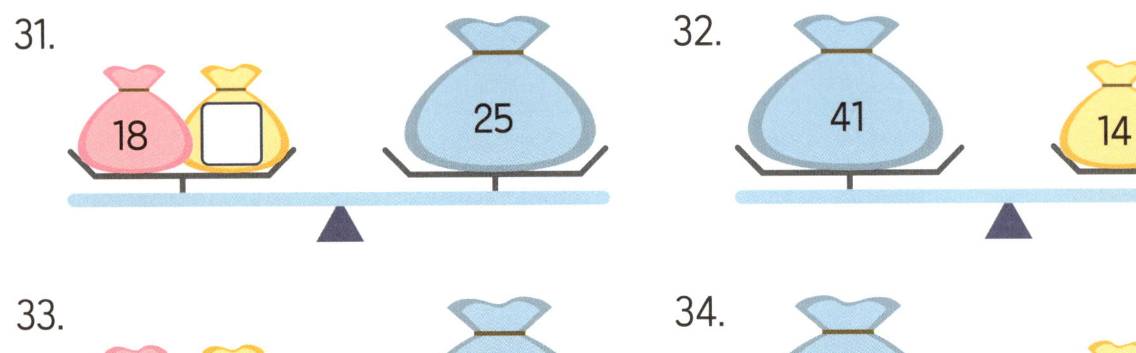

35. 500원으로 두 가지 물건을 살 때, 살 수 있는 물건을 써 보세요.

500원 → (☐ , ☐)

36. 700원으로 두 가지 물건을 살 때, 살 수 있는 물건을 써 보세요. (단, 답은 여러 가지 경우가 있습니다.)

700원 → (☐ , ☐)
(☐ , ☐)
(☐ , ☐)

 주어진 단에서 곱셈구구의 값을 작은 수부터 순서대로 찾아 미로를 통과해 보세요.
(단, 미로는 위, 아래, 왼쪽, 오른쪽으로만 갈 수 있습니다.)

37. **3단**

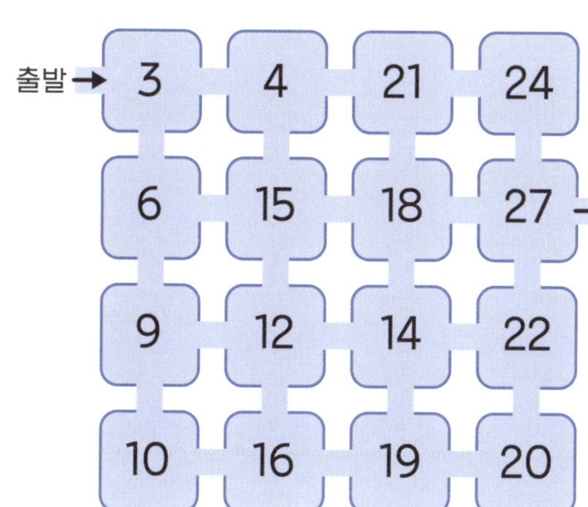

38. **4단**

39. **7단**

40. **8단**

41. 계산 결과를 찾아 선으로 이어 보세요.

18 + 12 ÷ 6 •	• 5
(18 + 12) ÷ 6 •	• 54
12 × 6 - 18 •	• 20

설명을 읽고 조건에 맞는 수를 구해 보세요.

42.

조건
- 나는 8단 곱셈구구에 나오는 값입니다.
- 나는 30보다 작은 수입니다.
- 나는 3단 곱셈구구에도 나오는 값입니다.

____

43.

조건
- 나는 5×8의 값보다 큽니다.
- 나는 똑같은 두 수를 곱했을 때의 값입니다.
- 나는 50보다 작습니다.

____

44.

조건
- 나는 4단 곱셈구구에 나오는 값입니다.
- 나는 숫자 중 하나가 6입니다.
- 나는 6단 곱셈구구에도 나오는 값입니다.
- 나는 40보다 작습니다.

____

 문제에 맞는 식을 만들어 답을 구해 보세요.

45.

호두과자 45개를 3명에게 똑같이 나누어 주려고 합니다. 한 사람에게 호두과자를 몇 개씩 주어야 하나요?

식

답

46.

풍선 56개가 있습니다. 이 풍선을 한 명에게 4개씩 나누어 주려고 합니다. 몇 명까지 나누어 줄 수 있나요?

식

답

 가로줄과 세로줄에 1, 2, 3, 4가 한 개씩 놓여야 하며, 에도 1, 2, 3, 4가 한 개씩 놓이도록 수를 써넣으세요.

47.

1			4
		1	3
2			1
	1	4	

48.

	1	3	
4			2
		2	
	2		1

9쪽

10~11쪽

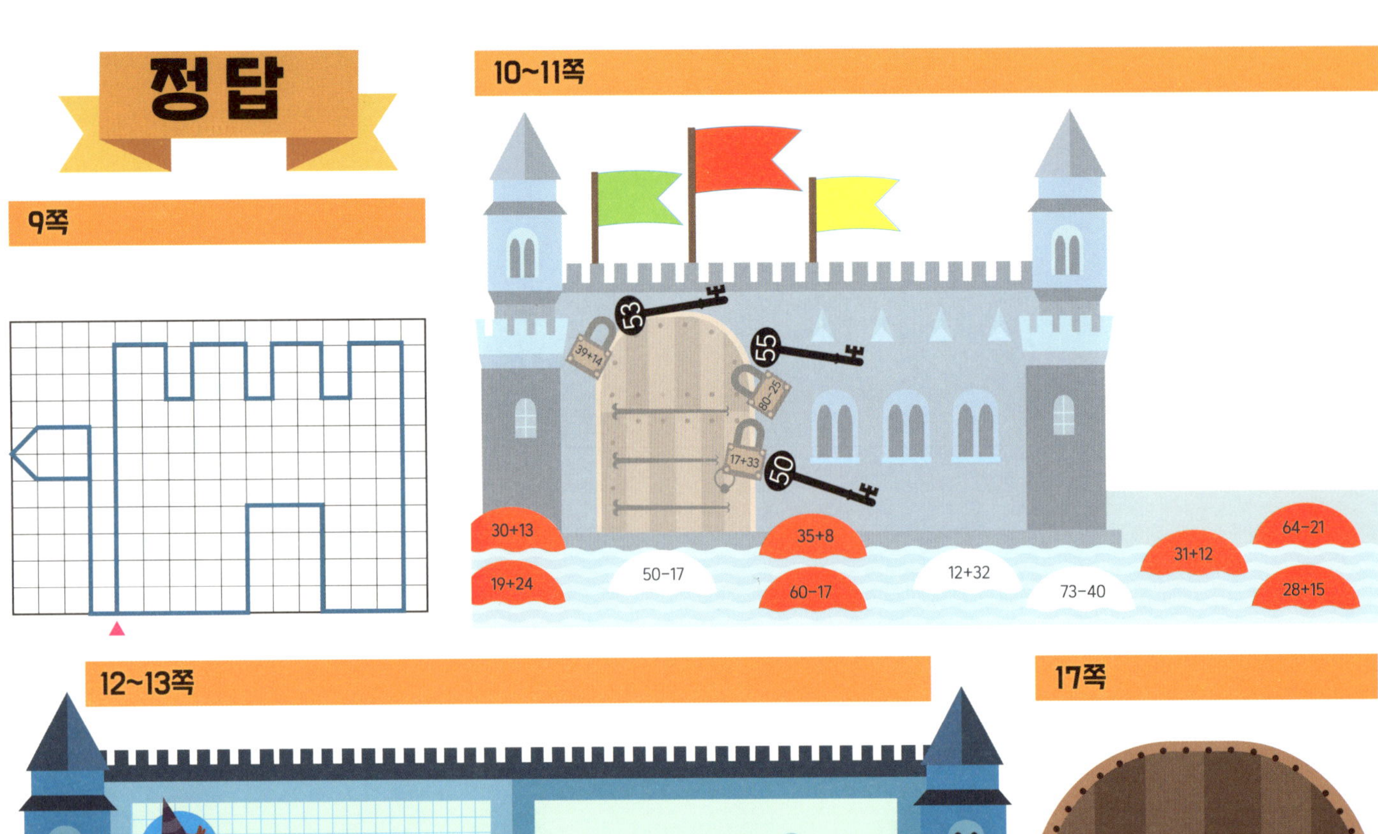

12~13쪽

17쪽

19쪽

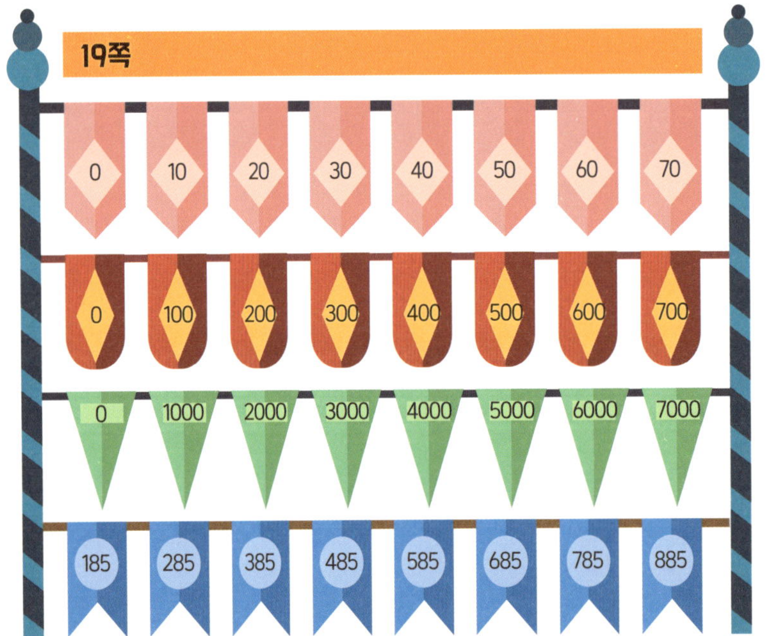

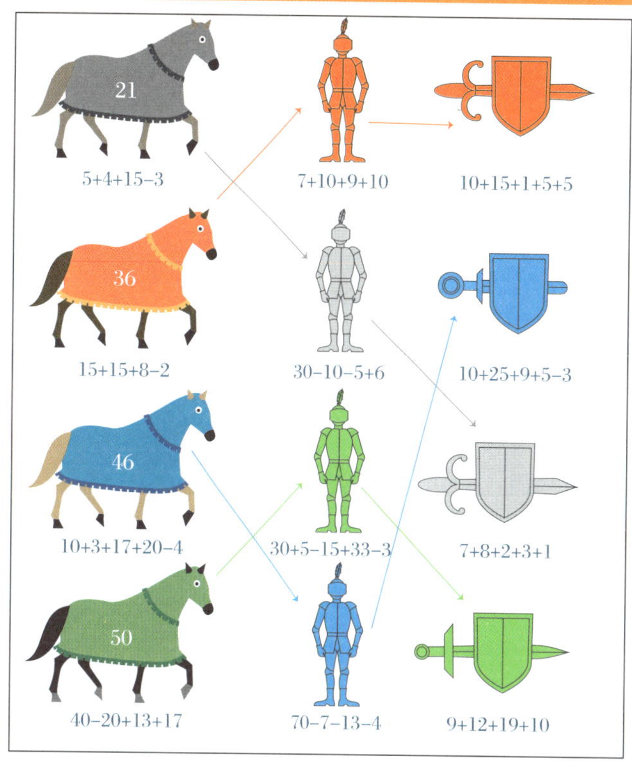

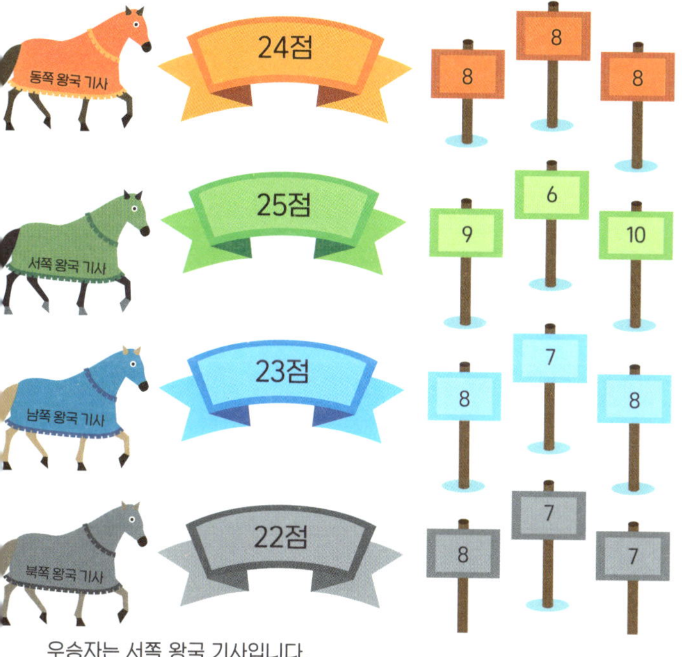

우승자는 서쪽 왕국 기사입니다.

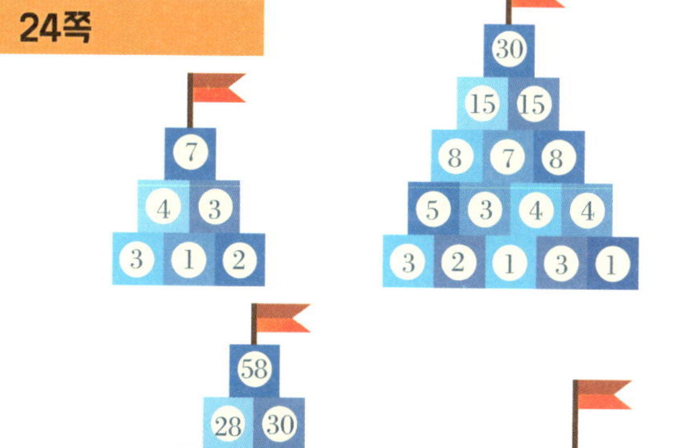

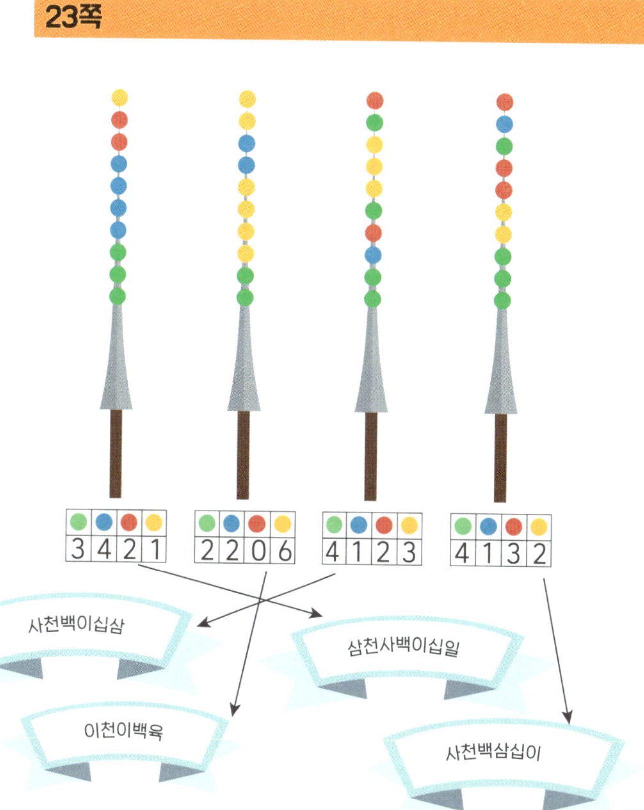

우승자의 점수는 4132 입니다.

	고리던지기 게임	피라미드 게임	장애물 달리기	점수의 합
동쪽 왕국 기사	38	56	122	216
서쪽 왕국 기사	63	47	99	209
남쪽 왕국 기사	21	138	42	201
북쪽 왕국 기사	84	67	63	214

하쿠나 마타타 폴레
아브라카다브라
알로호모라

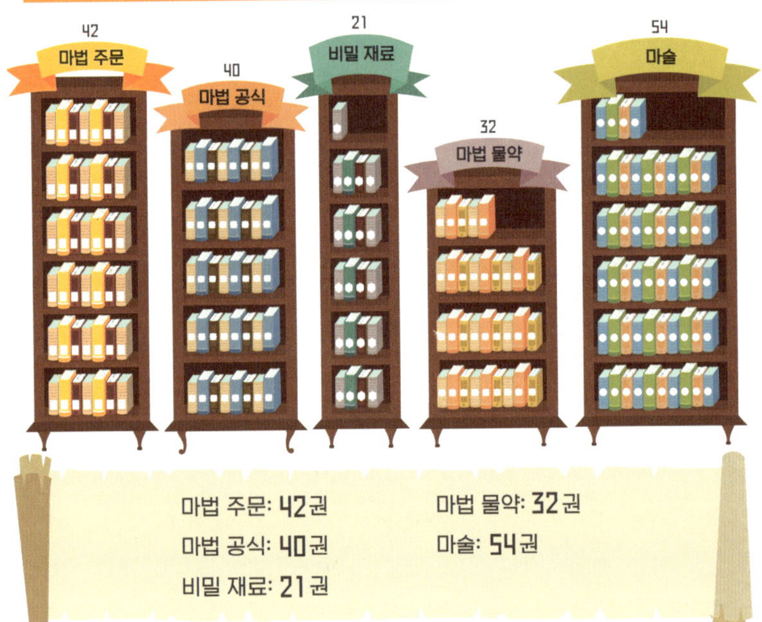

마법 주문: **42** 권   마법 물약: **32** 권
마법 공식: **40** 권   마술: **54** 권
비밀 재료: **21** 권

(1) 12권
(2) 6권
(3) 21권
(4) 28권
(5) 9칸
(6) 25권
(7) 46쪽

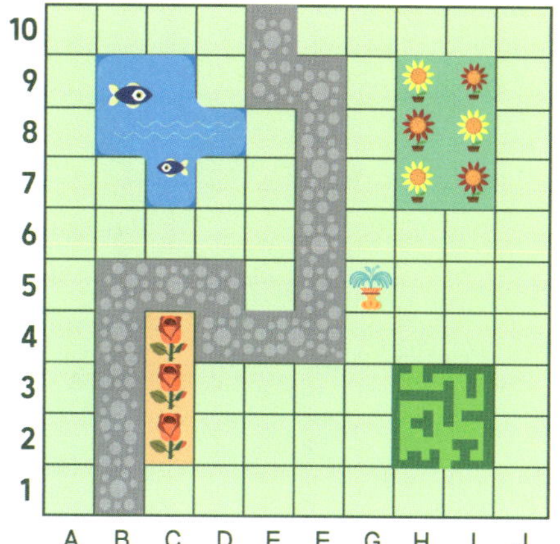

(1) 16÷4 = 4
(2) 18÷2 = 9
(3) 20÷5 = 4
(4) 12÷6 = 2

(1) 4송이　　(2) 5송이
(3) 3송이　　(4) 12송이
(5) 8송이

(6) 3송이

(7) 7송이　　(8) 1송이
(9) 4송이　　(10) 2송이

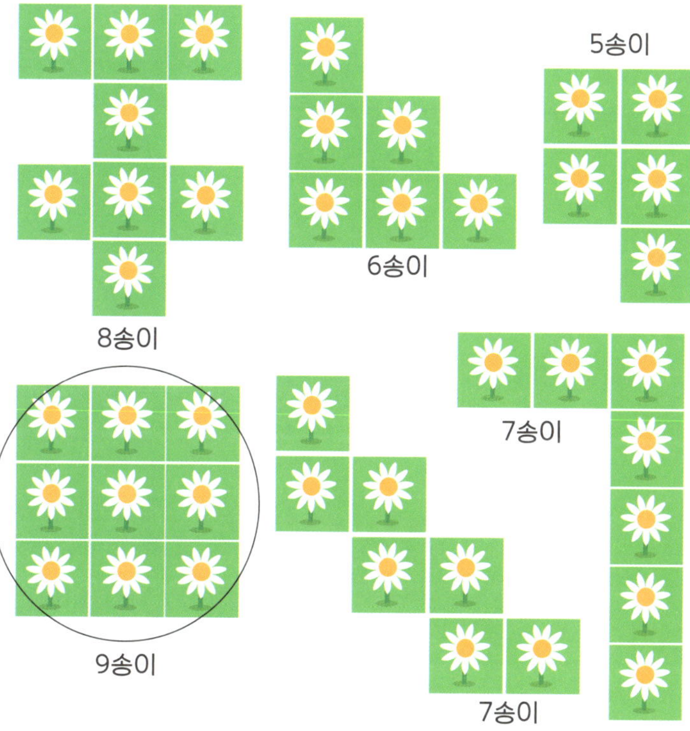

27 34 41 48 55 62 69 76
65 60 55 50 45 40 35 30

18 27 36 45 54 63 72 81
10 16 22 28 34 40 46 52

753 763 707 696 537
618 607 663 548 596
540 550 918 671 680
671 923 558 927 671
823 661 561 661 827
37+18 41+14
4×6 8×3 36÷9 16÷4

25÷5
18÷3
27÷3 42÷7 36÷4
28÷4
12÷2 3×2
35÷7 20÷4
14÷2
30÷5
21÷3

5
25÷5

7
28÷4

10
77−67

8
15−7

12
40−28

4
16÷4

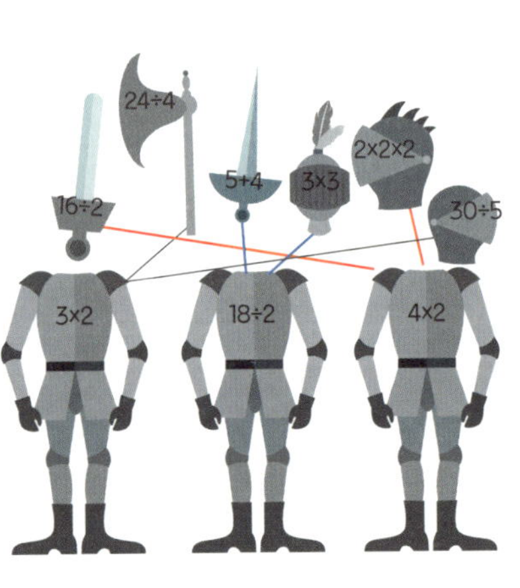

24÷4
2×2×2
16÷2 5+4 3×3 30÷5
3×2 18÷2 4×2

첫째 꽃병 둘째 꽃병 셋째 꽃병 넷째 꽃병 다섯째 꽃병

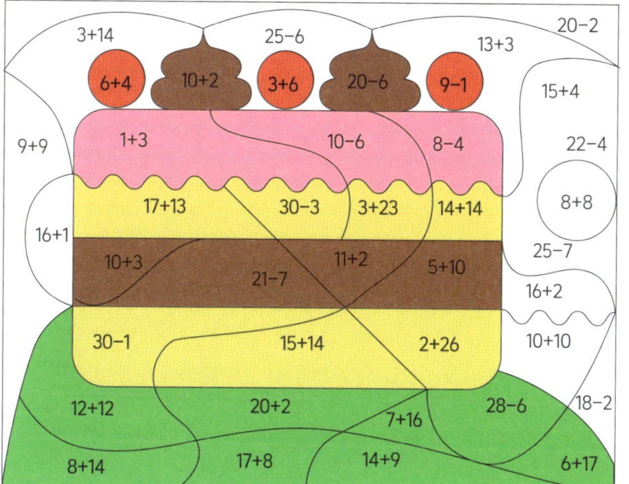

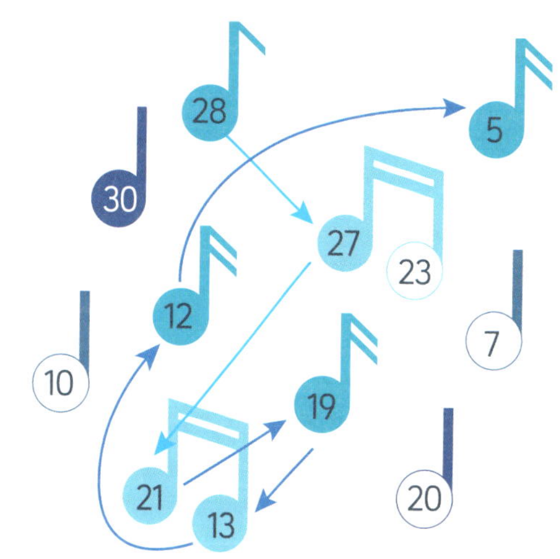

7에 23을 더하면 (30)   33에서 12를 빼면 (21)

7에 10의 2배를 더하면 (27)   14의 2배는 (28)

18의 반에 3을 더하면 (12)   20의 반에 반이면 (5)

10에 3을 더하면 (13)   5의 3배에 2의 2배를 더하면 (19)

7
42
4 
32
6 
4
52
4 
3
28
6 
2
32
3 
18
9
6
12
4
20
5

더 풀어 보기 정답

60쪽

1. 이천칠백팔십육　2. 오천사백칠십구　3. 삼천구백오십일　4. 사천육백팔십　5. 육천백이
6. 칠천삼십육　7. 5372　8. 3340　9. 8026　10. 9008

61쪽

11. 2620　12. 1435
13. 3352　14. 2063
15. 1407　16. 3111

62쪽

17. 55　18. 131　19. 639　20. 665
21. 840　22. 1498　23. 45　24. 16
25. 28　26. 36

63쪽

27.

100	110	120	130	140
200	210	220	230	240
300	310	320	330	340
400	410	420	430	440
500	510	520	530	540

28.

901	902	903	904	905
701	702	703	704	705
501	502	503	504	505
301	302	303	304	305
101	102	103	104	105

29. 568/ 546/ 20　30. 152/ 424

64쪽

31. 7　32. 27　33. 26　34. 23
35. 물, 음료수　36. 예) 물, 아이스크림 / 물, 바나나 / 물, 음료수

37. 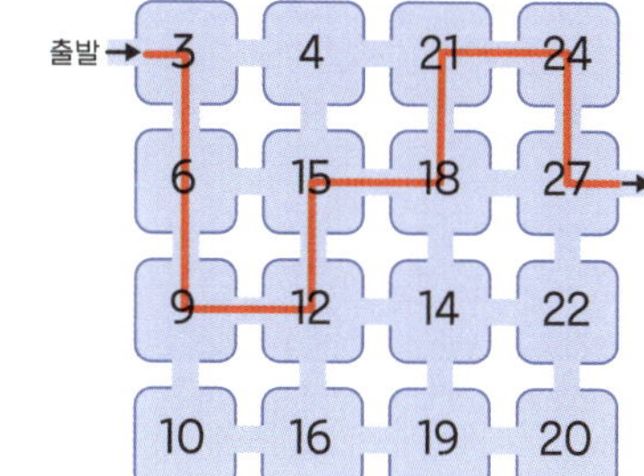

38. 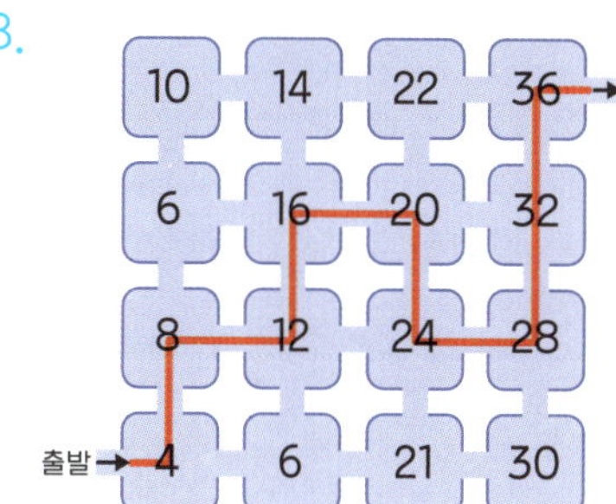

39. 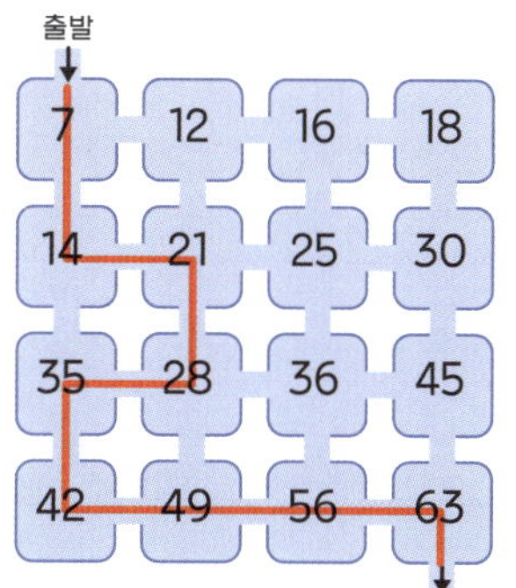

40. 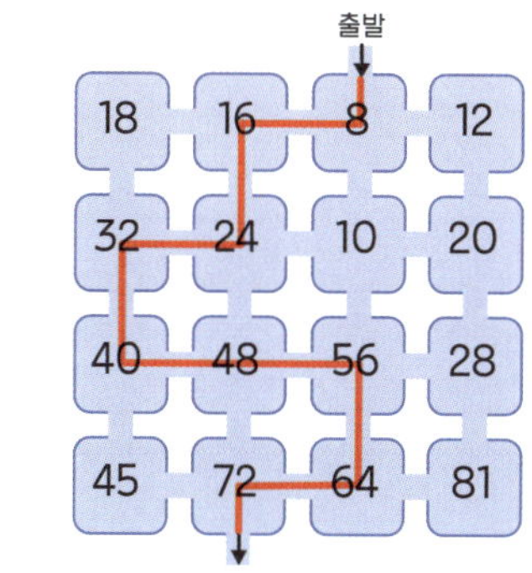

41. 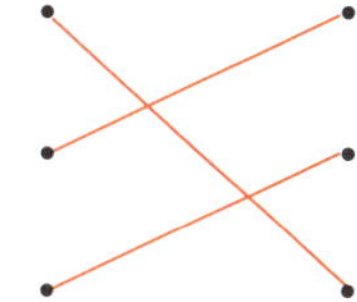

42. 24

43. 49

44. 36

45. 45÷3=15, 15개

46. 56÷4=14, 14명

47.

1	3	2	4
4	2	1	3
2	4	3	1
3	1	4	2

48.

2	1	3	4
4	3	1	2
1	4	2	3
3	2	4	1

수빠맨 과 함께하는 초등 수학 학습 로드맵

쉽고 재미있게 초등 수학 전 과정을 배워 보세요.

초등 수학 교육 과정

수와 연산	도형과 측정
변화와 관계	자료와 가능성

영역	권	권 제목	세부 영역	학습 주제	권장 학년	학습 내용
수와 연산 기본	1	숫자 영웅들의 수학 모험	수와 연산	·수 ·도형 기초	1학년	· 0에서 9까지 수 익히기 · 여러 가지 선 알기 · 평면도형 개념 알기 · 도형의 안과 밖 깨치기
	2	덧셈 뺄셈 몬스터 왕국	수와 연산	·덧셈과 뺄셈 기초	1학년	· 두 자리 수 익히기 · 모양과 크기가 같은 도형 찾기 · 덧셈식과 뺄셈식의 기초
	3	나무마니 마을의 더하기 빼기	수와 연산	·덧셈과 뺄셈 심화	1학년	· 세 수의 덧셈식과 뺄셈식 · 100까지 수 익히기 · 좌표 읽기 기초 · 묶어 세기
	4	곱셈구구 나라의 비밀	수와 연산	·곱셈과 나눗셈 기초	2학년	· 곱셈구구 · 곱셈식과 나눗셈식 · 복잡한 계산식 쉽게 풀기
	5	사칙연산 바다를 지켜라	수와 연산	·사칙연산 기초	2학년	· 연산 규칙 찾기 · 여러 가지 방법으로 복합 사칙연산 하기 · 덧셈과 뺄셈의 관계를 식으로 나타내기
	6	곱셈 공장 수리 작전	수와 연산	·사칙연산 심화	2학년 ~ 4학년	· 곱셈·나눗셈 세로식 풀이 · 곱셈의 교환법칙과 결합법칙 · 약수와 배수 · 나눗셈의 몫을 곱셈식으로 구하기

영역	권	권 제목	세부 영역	학습 주제	권장 학년	학습 내용
수와 연산 심화	7	곱셈 나눗셈으로 요리를 뚝딱	수와 연산	·곱셈과 나눗셈 심화 ·분수 기초	3학년 ~ 5학년	· (몇십)×(몇)을 구하기 · (몇십)÷(몇)을 구하기 · 똑같이 나누기 · 분수로 나타내기 · 단위분수 개념
	8	분수 도둑을 잡아라	수와 연산	·분수	3학년 ~ 5학년	· 분자와 분모 · 크기가 같은 분수 만들기 · 분수 크기 비교 · 분수 계산
	9	소수 해적단의 바다 탐험	수와 연산	·소수 ·백분율	3학년 ~ 6학년	· 소수 개념 · 소수 크기 비교 · 소수 계산 · 백분율 개념과 분수를 백분율로 치환하기
	10	수학 마법의 성에서 규칙 찾기	수와 연산	·사고력 연산	2학년 ~ 5학년	· 수 배열 규칙 찾기 · 읽고 이해해서 푸는 문해력 연산 · 연산식으로 암호 풀기 · 연산 미로

영역	권	권 제목	세부 영역	학습 주제	권장 학년	학습 내용
도형과 측정, 변화와 관계, 자료와 가능성	11	공룡을 재는 여러 단위	측정	·길이 ·들이 ·무게 ·시간	2학년 ~ 3학년	· 길이, 넓이, 무게, 들이의 단위 · 기호를 숫자로 나타내기 · 시간과 시계 읽는 법 · 섭씨 온도와 화씨 온도
	12	규칙 유령이 사는 집	변화와 관계	·규칙과 추론	2학년 ~ 4학년	· 수 배열 규칙 추론 · 계산식에서 규칙 추론 · 무늬에서 규칙 추론 · 도형의 배열에서 규칙 추론
	13	도형과 함께 우주 탐험	도형	·도형 ·공간	3학년 ~ 6학년	· 선의 종류(선분과 직선) · 각과 직각 · 평면도형 · 정다면체 · 대칭이동과 회전이동, 평행이동
	14	숫자와 그래프로 마을을 구하라	자료와 가능성	·그래프 ·집합	3학년 ~ 6학년	· 표와 그래프 읽기 · 자료 조사와 표, 그래프로 나타내기 · 벤 다이어그램과 집합 · 비례식

글 | 린다 베르톨라

밀라노 가톨릭 대학교에서 외국어를 전공했습니다. 학교 안팎에서 특수 교육이 필요한 학생들을 위한 교육 및 학습 지원에도 관심이 많으며, 다문화 교사로도 활동하고 있습니다. 현재는 재미있는 수학 학습법을 열정적으로 연구하며 지내고 있습니다.

그림 | 아그네세 바루치

ISIA(최고예술산업연구소)에서 그래픽을 공부했습니다. 2001년부터 일러스트레이터이자 작가로 활동하고 있으며 청소년을 위한 책들을 출판했습니다.

감수 | 송용진

한국을 대표하는 위상수학자입니다. 서울대학교 수학과를 졸업하고 미국 오하이오주립대에서 박사학위를 받았습니다. 오랫동안 영재교육과 수학올림피아드에 대한 일을 해 왔으며 지금은 국제 수학올림피아드 선출직 위원(IMO Board Member)으로 활동하고 있습니다. 쓴 책으로《수학은 우주로 흐른다》,《영재의 법칙》,《수학자가 들려주는 진짜 논리 이야기》 등이 있습니다.

메달 스티커

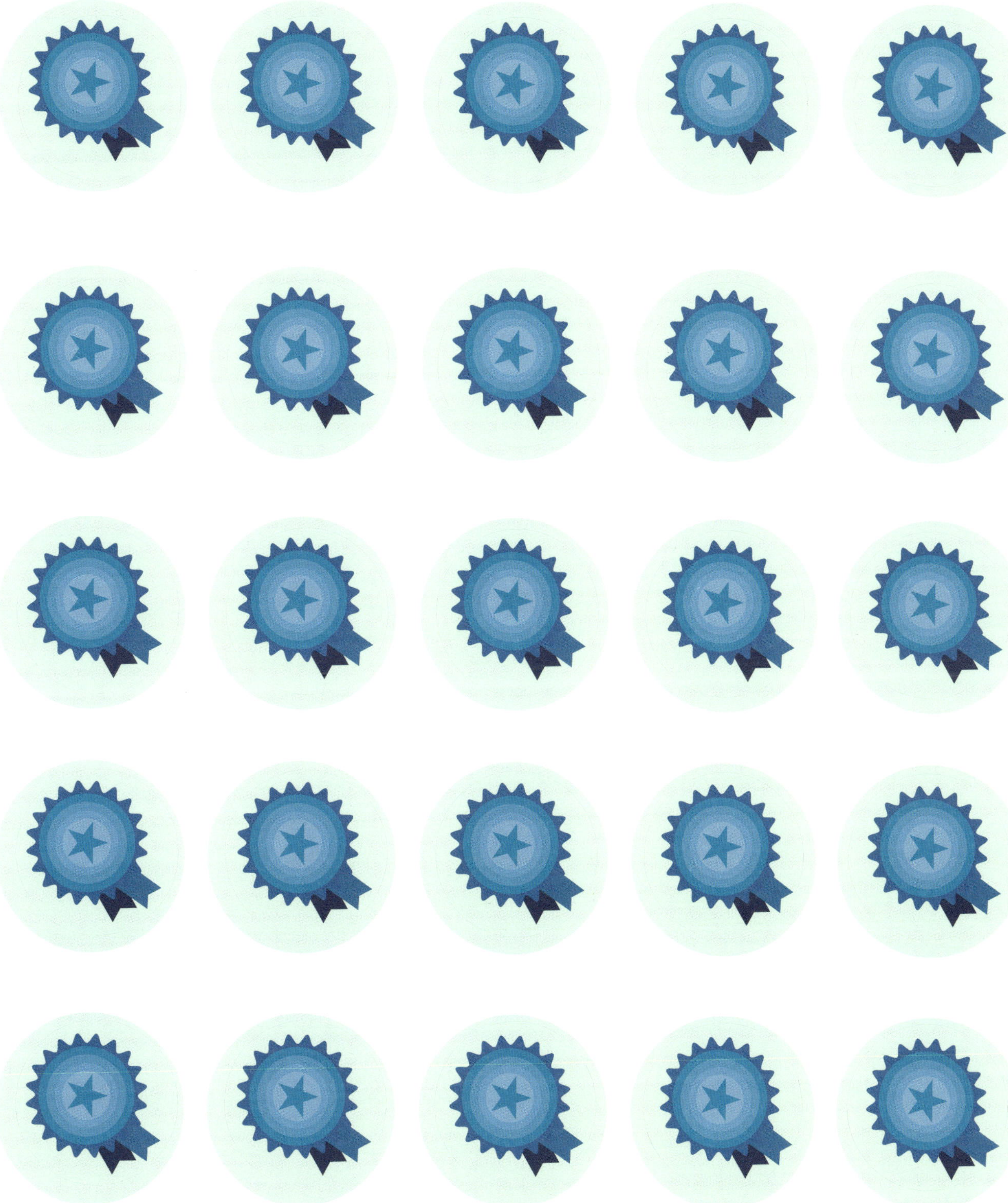

10쪽: 도전! 성으로 들어가자

50
53
55

21쪽: 기사와 무기

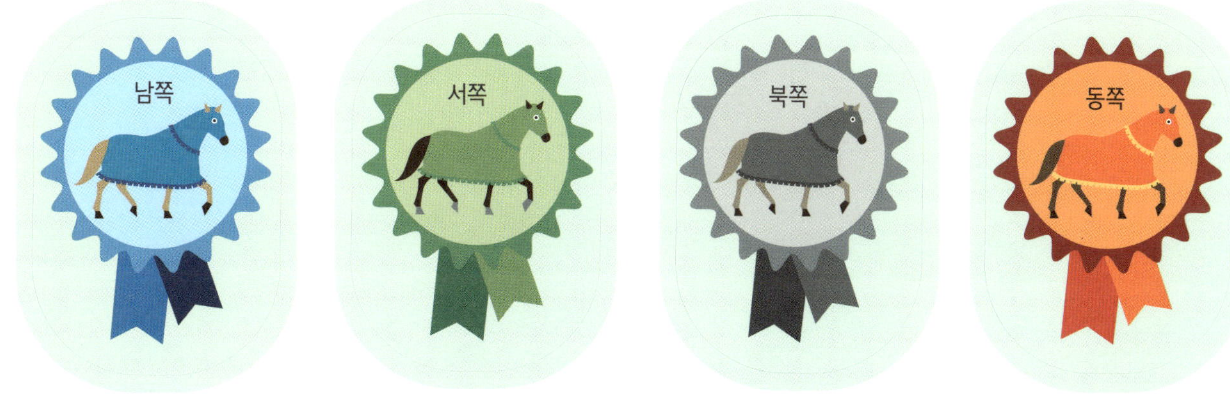

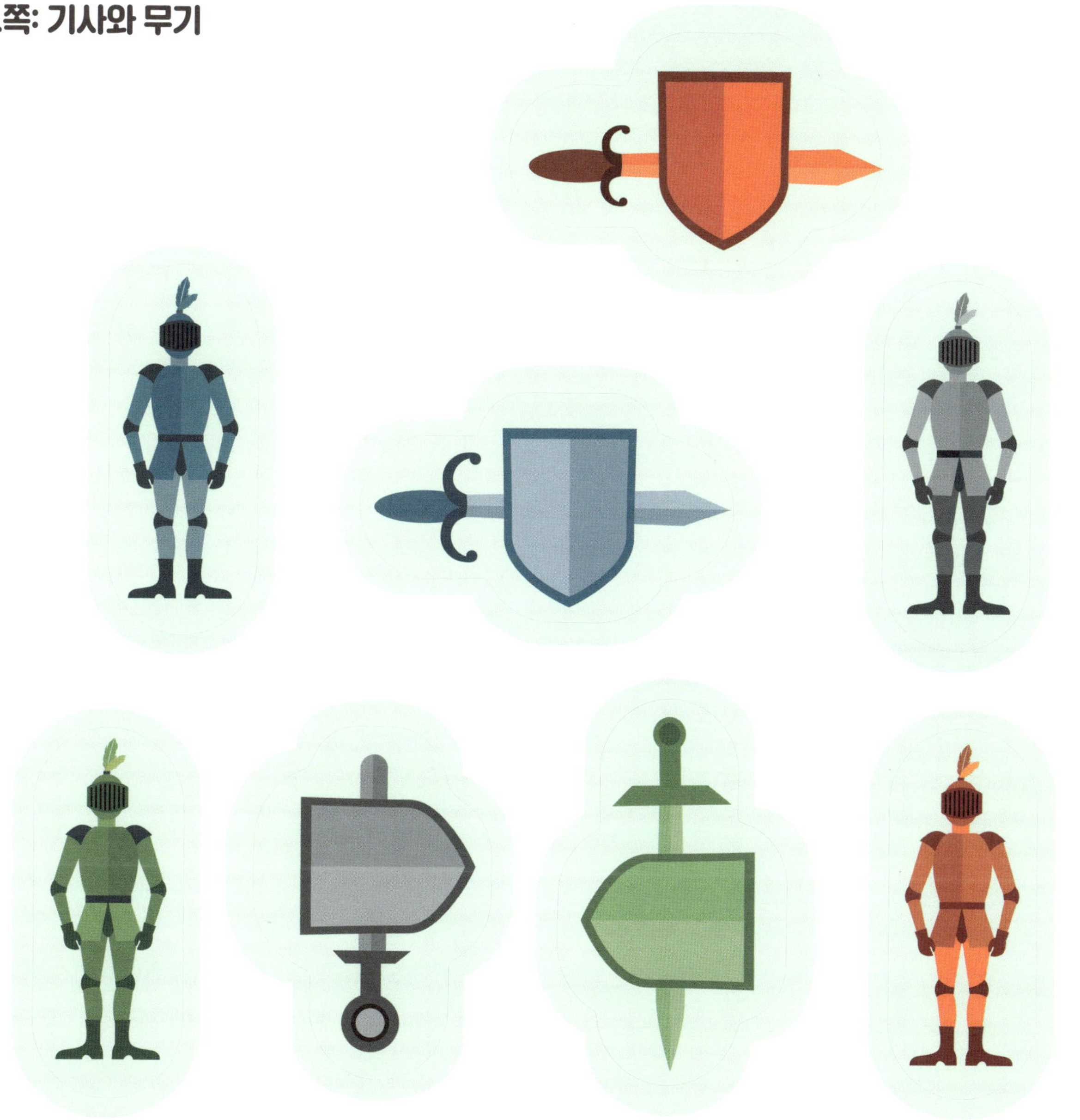

25쪽: 이상한 암호

남쪽
서쪽
북쪽
동쪽

30쪽: 조건에 맞게 책을 꽂아야 해

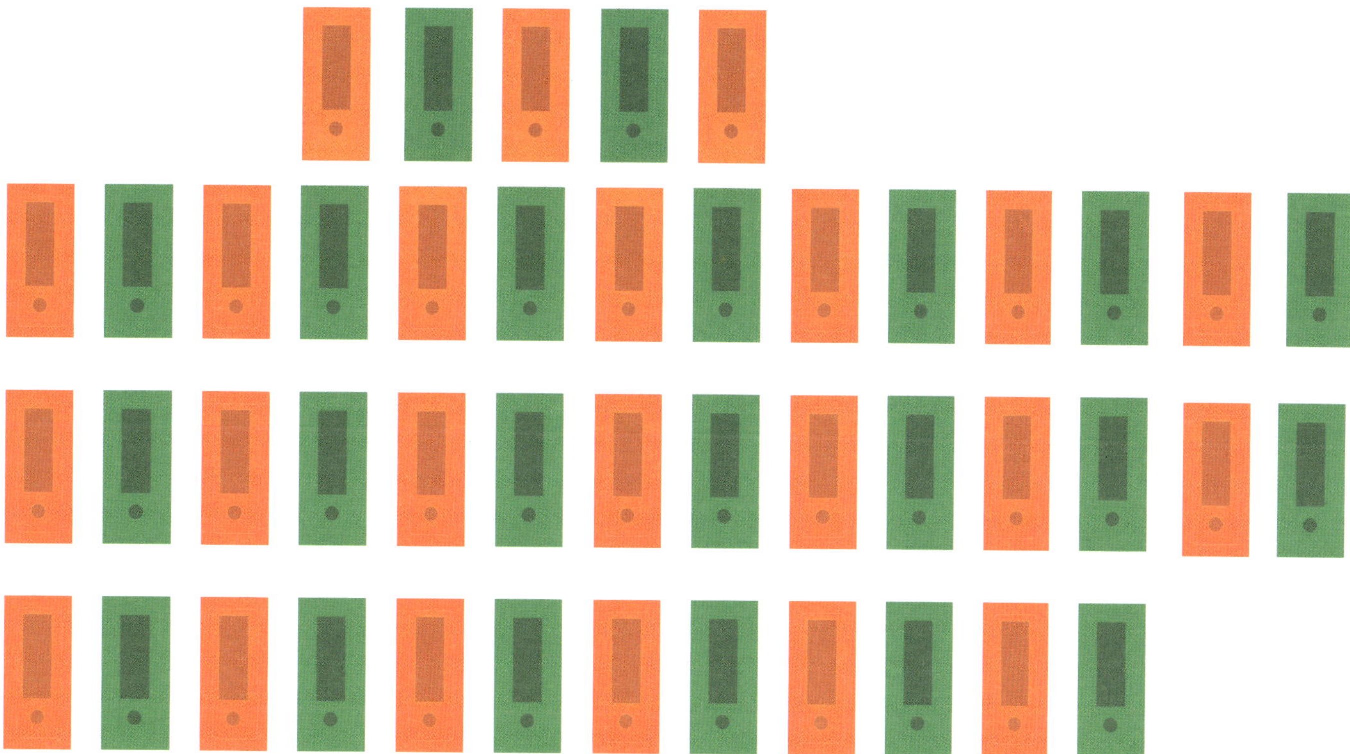

35쪽: 정원에서 일어난 일

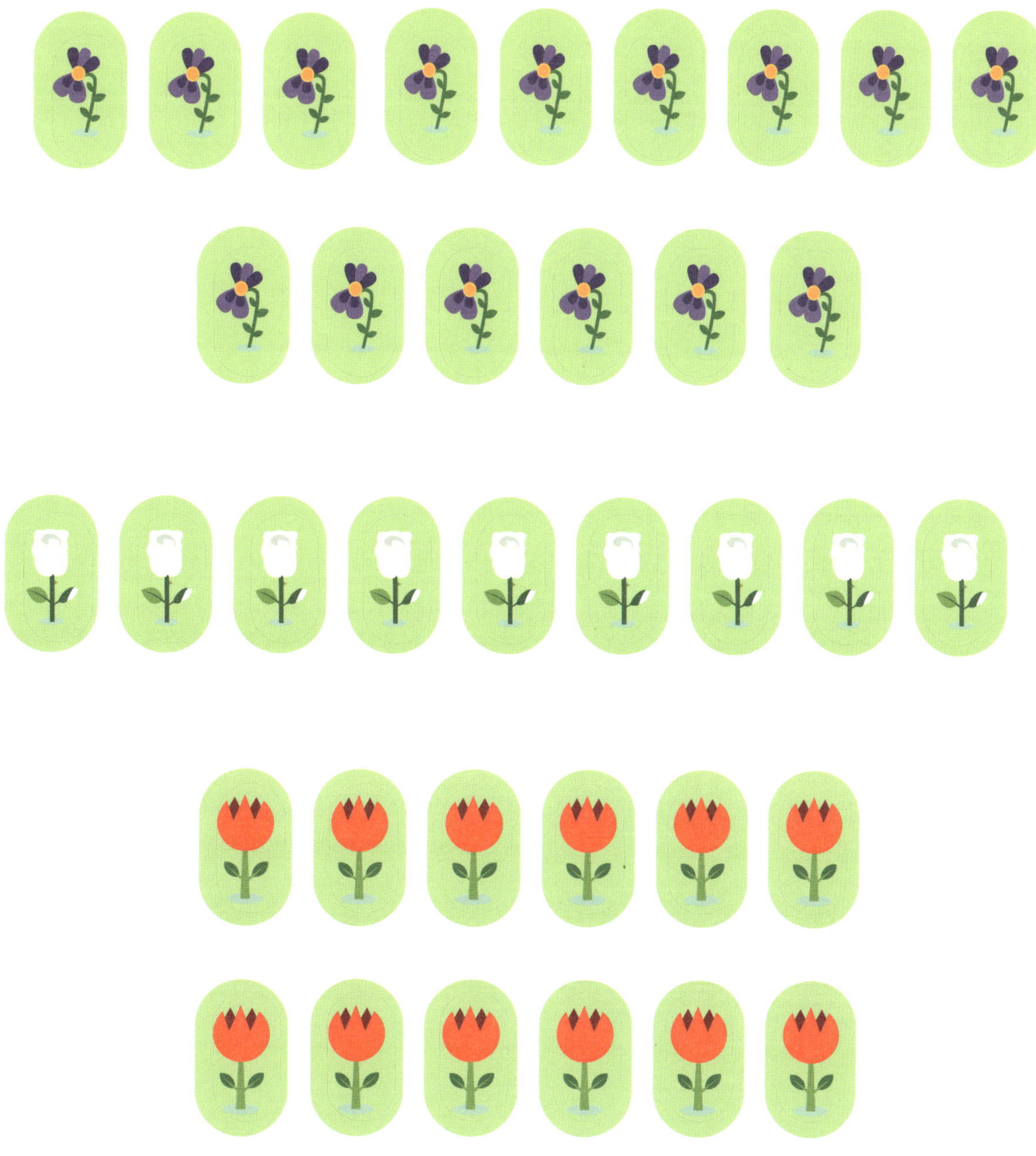

44쪽: 삐에로의 묘기

47쪽: 유령의 장난

49쪽: 성대한 무도회

53쪽: 무도회

12
21
28
27
19
13
5